HAUKE BROST

111 Gründe, Katzen zu lieben

GOLDMANN

Lesen erleben

Buch

Keine Katze wäre gern ein Mensch. Aber jeder Mensch wäre wirklich gern mal eine Katze. Und dafür gibt es gute Gründe. Hauke Brost hat 111 davon gefunden und erklärt, was die eigenwilligen, pelzigen Persönlichkeiten so unwiderstehlich liebenswert macht. Ob er sie nun liebt, weil sie so rotzfrech und bauernschlau ist, weil sie so unglaublich elegant jagen geht, weil sie so niedlich die Sonne anbetet, weil sie eigentlich der Chef in der Wohnung ist, weil sie ihr Zuhause so gründlich sauber hält, weil sie ihren eigenen Lebensplan so konsequent umsetzt, weil sie auslebt, was wir nicht einmal zu fühlen wagen, oder weil sie so geheimnisvoll ist ... Eins ist klar: Wer einmal seine vier Wände mit einem vierbeinigen Schmuser geteilt hat, will nie mehr ohne Katze leben.

Autor

Hauke Brost, geboren 1948, ist Chefreporter einer großen Boulevardzeitung und erfolgreicher Buchautor. Mit Katze »Rumpel«, einigen Hunden und seiner Frau lebt er in Hamburg und auf einem Bauernhof an der Nordsee. Das Leben mit Katze im Großstadtdschungel kennt er ebenso wie die wilde Rattenhatz im Knick hinterm Deich.

Im Goldmann Verlag
ist von Hauke Brost außerdem erschienen:

Wie Männer ticken (15443)
Wie Frauen ticken (15457)

Hauke Brost

111 Gründe, Katzen zu lieben

Eine Liebeserklärung
an des Menschen
eigenwilligsten Freund

GOLDMANN

Verlagsgruppe Random House FSC-DEU-0100
Das FSC®-zertifizierte Papier *Holmen Book Cream* für dieses Buch
liefert Holmen Paper, Hallstavik, Schweden.

1. Auflage
Taschenbuchausgabe Mai 2011
Wilhelm Goldmann Verlag, München,
in der Verlagsgruppe Random House GmbH
Copyright © der Originalausgabe 2010
by Schwarzkopf & Schwarzkopf Verlag GmbH, Berlin
Umschlaggestaltung: UNO Werbeagentur, München
Umschlagfoto: FinePic
KF · Herstellung: Str.
Druck und Bindung: GGP Media GmbH, Pößneck
Printed in Germany
ISBN: 978-3-442-15667-2

www.goldmann-verlag.de

Inhalt

sie Unordnung hasst! – Wie sie ihre eigene Schönheit genießt! –
Sie mag es gar nicht, wenn wir müffeln – Und sie lässt sich
wie eine Königin bedienen

Vorwort

»Die Katze wäre bestimmt nicht gern ein Mensch.
Aber der Mensch wäre manchmal gern eine Katze.«

(aus diesem Buch)

Rumpel weiß von diesem Buch. Die klügste aller Katzen mit dem niedlichen weißen Fleck auf der Brust, die länger als wir unseren alten Bauernhof an der Nordseeküste bewohnt, aalt sich genüsslich auf dem warmen Pflaster des Hofplatzes. Sie zeigt den missmutig glotzenden Neufundländern demonstrativ ihr Hinterteil und signalisiert ihnen mit dieser Geste, wie sehr sie sie verachtet: »Schaut mal, ihr Blödmänner, ich muss euch nicht mal im Blick behalten! *Ihr* könnt mir gar nichts.« Sie wirft sich auf den Rücken und streckt alle viere in die Luft. »*Mein* Buch! Endlich!«

Die Arbeit am letzten Buch hat sie übrigens konsequent ignoriert. Der Titel gefiel ihr wohl nicht so.[*]

Aber dies wird kein Buch nur über unsere Rumpel, sondern es wird ein Buch über alle Katzen – mit einem leisen Lächeln geschrieben für alle, die eine Katze haben, und außerdem ein Buch für alle, die noch keine Katze haben. Es wird sogar ein Buch für Menschen, die sich niemals eine Katze zulegen würden.

Zu dieser – gar nicht so kleinen – Bevölkerungsgruppe haben wir als notorische Hundeliebhaber auch einmal gehört. Als meine Frau mich noch nicht kannte, gab es vor ihrem Haus in der Lüneburger Heide sogar einen Schuhsohlensauberkratzer in Form eines Hundes vor der Haustür, und auf dem stand provokativ: »No cats please!« Deutlicher kann man es nicht sagen, oder?

---

[*] »111 Gründe, Hunde zu lieben«, erschienen im Schwarzkopf & Schwarzkopf Verlag.

Meine erste eigene Katze ist schon ziemlich lange her. Auf dieses recht missratene Tier komme ich gleich zurück. Es gab danach durchaus einige Katzen im näheren Bekanntenkreis, deren Leben ich jedoch eher aus der Distanz verfolgte. Eine davon gehörte dem Hafenmeister auf der Elbe, wo mein Schiff liegt. Sie war nicht unbedingt dazu geeignet, meine Katzenliebe zu steigern. Kaum war sie bei mir an Bord geschlüpft, pflegte sie sich zwischen meinen Unterhosen im Kleiderschrank zu verstecken. Das gefiel mir nicht. Mit List und Tücke vertrieben, legte sie sich umgehend zwischen die Geschirrtücher. Sie hatte einen unbändigen Drang, sich ständig hinter oder unter irgendetwas zu verstecken. Sie war ein richtiges Höhlentier. Aber ich wollte weder eine Katze zwischen meinen Unterhosen noch zwischen meinen Geschirrtüchern, zumal sie freiwillig auch nicht wieder rauskam. Deshalb bekam sie am Ende Bordverbot bei mir. Ich konnte mich trotzdem auch weiterhin wunderbar mit ihr unterhalten. Sie antwortete mit speziellem Maunzen und der dazugehörigen Körpersprache. Lachen Sie nicht! Das war weder Zufall noch Einbildung. Diese Katze »sprach« mit Menschen.

Irgendwann flackerte ihre Lebenskerze nur noch leise vor sich hin und sie musste eingeschläfert werden. Ich habe echt um sie getrauert und es natürlich im Nachhinein bedauert, dass ich so gemein zu ihr gewesen bin. Seitdem ist »Maxi« unser Hafenkater. Er ist schneeweiß, aus dem Tierheim und recht gelehrig. Er spricht auch mit Menschen. Aber lange nicht so deutlich und intensiv wie seine Vorgängerin.

Meine erste eigene Katze, um auf die zurückzukommen. Sie war uns quasi zugelaufen. Sie hatte keinerlei Manieren und einen heftigen Zerstörungstrieb. Kaum verließ ich morgens das Haus, kletterte sie die Gardine rauf bis zur Decke und riss sie runter. Dann kletterte sie die nächste rauf usw. Einige Wochen war ich jeden Abend damit beschäftigt, auf eine Leiter zu klettern und die Gardinen wieder aufzuhängen. Das war ziemlich anstrengend! Dann erzählte mir ein Kollege, dass seine Kinder so gern eine Katze haben wollten …

Heute denke ich, dass diese Katze einfach Langweile hatte. Andererseits konnte das aber nicht sein, denn auch wenn ich vor der Arbeit reichlich mit ihr gespielt hatte, riss sie die Gardinen runter. Ich konnte das sogar auf dem Weg von der Haustür zum Auto sehen. Tür zu, Schlüssel umgedreht, und die Katze hing an der Gardine.

»No cats please«? Verstehen kann ich das, aber für uns gilt es nicht mehr. Als wir nämlich den alten Bauernhof kauften, »erbten« wir Katze Rumpel mit. Sie lebte schon lange da, allerdings war es ihr nicht sehr gut ergangen. Mit uns freundete sie sich langsam und ausgesprochen zögernd an und blieb uns bis heute treu. Wir möchten sie nicht mehr missen.

Katzen sind unglaublich intelligent (schlauer als Hunde sind sie allemal) und extrem sauber, sie machen richtig Spaß, lernen blitzschnell, haben einen verdammten Dickkopf und können sich so ursprünglich freuen, dass uns Menschen garantiert die schlechte Laune vergeht.

Trotzdem können Katzen einen auch zur Verzweiflung bringen. Ja, Rumpel: Das gilt auch für dich! Weißt du noch, wie du auf der Flucht vor unserem Dackel »Hummel«, der inzwischen längst als radikalster Katzenhasser im ganzen Hundehimmel gilt, ins Bücherregal gesprungen bist und vor Aufregung meine Bestseller »Wie Männer ticken« und »Wie Frauen ticken« vollgepisst hast? Wir werden nicht umhinkommen, auch ein paar katzenkritische Worte in diesem Buch zu verlieren. Denn, das nur am Rande erwähnt: Es gibt auch mindestens 111 Gründe, sich niemals eine Katze zuzulegen …

Hamburg, im Frühling 2010

Hauke Brost
www.haukebrost.de

KAPITEL 1

Die Katze und ihr riesengroßes Herz

Weil sie sich niemals verbiegen lässt

Da fangen wir doch gleich mit der liebenswertesten und herausragendsten Charaktereigenschaft der Katze an. Sie lernt zwar – aber nur, wenn sie will. Sie ist zwar lieb – aber nur, wenn ihr danach ist. Sie könnte sogar gehorchen, wenn sie wollte. Die Katze kann nämlich alles, was ein Hund auch kann. Theoretisch. Sie sieht nur nicht ein, wozu Gehorchen gut sein soll. Sie entscheidet selbst, was sie macht. Eine Katze macht nicht »Sitz« auf Kommando, obwohl sie dazu zweifellos in der Lage wäre: Sie zeigt uns lieber die ausgestreckte mittlere Vorderkralle. Jedenfalls würde sie das tun, wenn ihr der Sinn dieser Geste bewusst wäre!

Eine Katze unterwirft sich nicht und lässt sich nicht verbiegen. Es sei denn, sie wird gequält und hat Angst, zum Beispiel vor Schlägen. Aber selbst dann gehorcht sie nicht. Sie läuft weg, so schnell sie kann, und versteckt sich irgendwo. Wenn sie aber in der Falle sitzt und nicht mehr weglaufen kann, dann fährt sie ihre Krallen aus und wird echt gefährlich. Katzen sind Wesen für Menschen, die niemanden unterdrücken und knechten wollen.* Es sind vermutlich die menschlichsten Zeitgenossen, die man auf vier Beinen in eine Mietwohnung einquartieren kann. Katzen sind Lebenspartner. Eine Katze »hält« man sich nicht. Mit einer Katze lebt man. Du und die Katze, das ist wie eine WG. Und wenn du Glück hast, akzeptiert dich die Katze als Mitbewohner.

---

* Ich sage es nur einmal und gleich hier: Nichts von dem, was hier steht, ist gegen Hundefreunde gerichtet. Sätze wie dieser vor der Fußnote bedeuten nicht, dass das Gegenteil auf Hundefreunde zutrifft. Das gilt natürlich auch für die anderen 110 in diesem Buch geschilderten Gründe, Katzen zu lieben.

Das macht die Katze so liebenswert: ihr eigenwilliger Charakter. Hat sie schlechte Laune oder ist verstimmt, dann guckt sie dich buchstäblich mit dem Arsch nicht an. Ist sie gut drauf und du bist gut zu ihr, dann überschüttet sie dich mit Freundlichkeit und Liebe. Katzen sind launisch, oftmals gemein, bisweilen auch ungerecht, fies und natürlich immerzu äußerst egoistisch. Mit Katzen kann man sich herrlich streiten, und manchmal ist man wirklich wütend auf sie. Das Schöne ist aber: Die Katze kuscht nicht. Sie meckert zurück. Es sei denn, sie hat ein verdammt schlechtes Gewissen und weiß genau, dass sie Mist gebaut hat: Dann entschuldigt sich die Katze mit Gesten und einem ganz besonderen Laut, den sie sich für diese seltenen Situationen aufgehoben hat. Die Katze ist ein wirkliches Wundertier! Man staunt nur, dass sie nicht »richtig« sprechen kann.

Das war doch schon mal ein schöner Grund, Katzen zu lieben. Eigentlich waren es sogar mehrere Gründe. Ja und?, sagt der Katzengegner: Deswegen muss ich mir noch lange keine zulegen! Aber warten Sie mal ab. Es folgen ja noch 110 weitere Gründe …

Weil sie so unglaublich liebevoll ist

Es ist still bei uns im Hafen. Leise glucksen die Wellen an den Steg. Des Hafenmeisters Katze döst in der prallen Sonne und beobachtet aus den Augenwinkeln einige Entenküken, die zum Glück nichts von dem ahnen, was eine gesunde, durchaus schwimmfähige (wenn auch wasserscheue) Katze beim Anblick von Entenküken denkt. Plötzlich springt die Katze auf, rennt mit ihrem putzigen Hoppel-Galopp die 100 Meter über den Steg zur Brücke, rast bis zur Straße hinauf und hockt sich mit spitz aufgestellten Ohren erwartungsvoll dort oben hin. Drei Minuten später (!) rollt das Auto des Hafenmeisters auf den Parkplatz. Das Begrüßungsmiauen hört man bis auf mein Boot. Die Katze drängt sich an seine Beine, hüpft ihm hinterher, schaut ihn liebevoll mit schräg gestelltem Kopf von unten an und weicht ihm die nächsten Stunden nicht mehr von der Seite. Schließlich ist er ja der zweitliebste Mensch, den sie hat (gleich nach der Hafenmeisterin).

Man kann nun lange darüber diskutieren, wieso die Katze drei Minuten vor Ankunft des Hafenmeisters dessen Auto gehört hat: In drei Minuten legt ein Auto bei 50 km/h 2,5 Kilometer zurück, und selbst eine Katze dürfte das Motorengeräusch »ihres« Autos unter den Geräuschen anderer Autos nicht auf eine Distanz von zweieinhalb Kilometern wahrnehmen können.

Intuition? Gedankenübertragung? Was auch immer, aber so passiert es täglich bei uns im Hafen, auch wenn der Hafenmeister zu unterschiedlichen Zeiten erscheint. Also kann es nicht die »innere Uhr« der Katze sein. Aber hier geht es um die hundertprozentige Liebe, die einem die Katze gibt. Alles ist plötzlich unwichtig. Sogar eine Maus würde sie sausen lassen für diese Begrüßungszeremonie. Ihr ganzer kleiner Körper lacht, strahlt Glück aus, richtiges reines vollkommenes Glück. So glücklich wie die kleine Katze in ihrer unendlichen Liebe waren wahrscheinlich nur Adam und Eva im Paradies, und zwar vor dem blöden Apfel. Hat uns der liebe Gott so gewollt, wie die Katze heute noch ist?

Stunden später kommt die Hafenmeisterin von der Arbeit. Sie hat den Hafenmeister auch lieb, aber nach einem Küsschen und einer Umarmung, wie das bei Menschen eben so ist, erzählt sie von ihrem schweren Tag und muss erst einmal entspannen. Die Katze freut sich immer noch wie Bolle, denn jetzt sind beide Menschen da, und ihr Glück ist erst richtig perfekt.

Rotzfrech, bauernschlau

Unsere Katze auf dem alten Bauernhof da oben an der Nordsee-küste ist eine sogenannte halbwilde Katze. Das heißt, sie ist ein Indianer, aber sie weiß den Komfort einer beheizten Bude dennoch zu schätzen. Bevor wir in ihr Leben traten mit diesen unglaublich lauten und trampeligen Menschenschuhen, dürfte sie einige Jahre unter recht widrigen Umständen weitgehend auf sich selbst gestellt gewesen sein, lebte wohl vorwiegend von selbstgefangenen Mäu-sen, trank aus Pfützen und schlief bei Regen und Schnee in einem heruntergekommenen baufälligen Schuppen am Rande unseres Grundstückes. Durch unser Erscheinen hat sich ihre Lage natürlich drastisch verbessert, aber irgendwie steckt immer noch der alte Indianer in ihr drin. Jede halbwilde Katze ist Überlebenskünstler, Streetfighter, Gauner, Hütchenspieler, Dieb, Mörder (wenigstens aus Mäusesicht), zumindest ist eine halbwilde Katze jedoch rotzfrech und bauernschlau. Weil sie sonst da draußen in der freien Wildbahn gar nicht überleben könnte.

Wir brauchten ein halbes Jahr, bis wir sie anfassen durften, und ein weiteres halbes, bis sie das Haus betrat. Wir wollten sie nicht domestizieren und empfahlen ihr deshalb, sich der Garage, der Werkstatt und des Heizöltankraumes zu bemächtigen, insge-samt circa 70 Quadratmeter, also für eine eher kleine Katze wohl ausreichend viel Innenraum. Komfortabel mit insgesamt drei von uns gebauten Katzenhäusern und -verstecken ausgestattet (eines in jedem Raum, natürlich mit der Aufschrift »No dogs please«) gingen wir davon aus, dass sie wenigstens eines der angebotenen Quartiere akzeptieren würde.

Das tat sie auch, indem sie wahlweise eines der drei mit Beschlag belegte. Als es jedoch draußen kälter wurde, beschloss die Katze, dass es sich in unserem Gästezimmer noch bequemer leben ließe.

Sie blieb tagelang verschwunden. Wir wussten nicht, wo sie abgeblieben war, und machten uns Sorgen. Gäste hatten wir zu der Zeit nicht im Haus. Die Tür zum ebenerdigen Gästezimmer stand allerdings immer etwas offen. Nach Tagen haben wir sie dann entdeckt: Sie hatte sich ins Gästebett gelegt, sich die Decke vollständig über die Ohren gezogen, war also unsichtbar und hatte das Gästezimmer nur zweimal täglich verlassen, um an den schlafenden katzenhassenden Hunden vorbei nach draußen zu schleichen, ihren Napf leerzufressen und ihr Geschäft zu verrichten. Es bedurfte wirklich sehr viel Energie, um die Katze davon zu überzeugen, dass dieses Gästezimmer eine »No-go-area« für sie war!

Und wie leise Katzen treten können. Auch eine wahrhaft indianische Begabung. Einer der Hunde schläft draußen, ist aber dennoch halbwach. Die Katze guckt aus ihrer schwingenden Klappe, die wir in die Garagentür eingefräst haben. Au verdammt, da liegt ein Hund!, denkt sie. Da kann ich nicht raus. Andererseits muss ich mal. Ich könnte es versuchen, indem ich einen beschwerlichen Umweg über die Blumenkästen wähle und dabei keinen Lärm mache. Man sieht es ihr an, wie sie überlegt, nach links guckt, nach rechts, immer noch halb in der Garage drin, nur der Kopf guckt aus der Klappe raus.

Jetzt geht sie los. Nein: Sie geht nicht, sie schleicht. Hochbeinig. In Zeitlupe. Hebt jede Pfote an, prüft den nächsten Schritt, kontrolliert die Festigkeit des Untergrundes, okay, das könnte gehen, ganz in Ruhe und nur keinen Fehler machen: So schleicht sie sich keinen Meter vom Hund entfernt an diesem vorbei, und er schnallt es nicht einmal. Husch, ist sie im Gebüsch.

Der Hund hebt den Kopf: War da was? Nö. Er schläft weiter. Und merkt nicht, dass dieses ihm intellektuell haushoch überlegene Kätzchen nach einer halben Stunde wieder denselben Schleichweg in der Gegenrichtung wählt, um dann mit einem Riesensatz durch die schwingende Klappe in ihrer Garage zu verschwinden. Aber natürlich nicht, ohne drinnen einen Megalärm zu machen: Hier kann ihr keiner, und der Hund (inzwischen hellwach) kriegt nicht mal die Schnauze durch die Schlupfklappe. Das findet sie super! Lala, lala, lala, so hört man sie drinnen ihre Liedchen singen (na ja, sie maunzt, aber das ist eben ein Katzenlied). Und ich bin sicher, dass sie in Richtung Hund soeben die Zunge herausgestreckt hat.

Und herrlich nachtragend

Ein Freund wollte verreisen und es stellte sich die Frage, was mit seiner Katze geschieht. Da sie munter zwischen draußen und drinnen pendelte, gab es eigentlich nur das essenstechnische Problem. Das lösten die Nachbarskinder. Die verpflichteten sich, gegen geringes Entgelt zweimal täglich die Katze zu füttern und ihr Klo zu reinigen. Es funktionierte hervorragend, und der Katze ging es sehr gut. Sie schien meinen Freund auch weiterhin nicht zu vermissen.

Nach einer Woche kam er zurück und freute sich, die Katze begrüßen zu dürfen. Die jedoch ignorierte ihn konsequent. Sie ließ sich nicht streicheln, schnurrte nicht so wie sonst um seine Füße, schaute ihn nicht einmal an, sondern sie verschwand demonstrativ auf seinem Kleiderschrank und kam tagelang nur zum Fressen und zum Kacken herunter. Wohl selten hat ein Tier so demonstrativ nachtragend auf Trennung und Liebesentzug reagiert wie dieses. Ja: Jede Katze ist nachtragend, und auch deshalb lieben wir sie. Die Katze zeigt uns unverfälscht, welche Gefühle sie hat. »Du bei mir sein? Ich dann lieb zu dir. Du mich verlassen? Ich sauer. Dann du aber auch merken, pass auf.« Die Katze besteht nur aus Emotionen. Und irgendwie – ganz im Geheimen – wären wir Menschen auch gern so: nicht immer kontrolliert und vom Intellekt gesteuert, sondern nur »aus dem Bauch heraus« agierend. Unter Menschen allerdings geht das nicht, und deshalb beneiden wir die Katze.

Ich möchte immer wieder mal etwas in dieses Buch hineinschreiben, was für Leute ohne Katze bestimmt ist. Katzen erweitern unseren menschlichen Horizont, und sie geben uns Anlass, unser eigenes Verhalten kritisch zu überprüfen. Wann haben Sie Ihrem Chef zuletzt gesagt, dass er ein Arschloch ist? Wahrscheinlich können Sie sich das nicht leisten, und deshalb beißen Sie sich seit Jahren lieber auf die Zunge. Aber woher wissen Sie, dass Ihr Chef nicht genau darauf wartet: dass ihm endlich mal jemand die Meinung sagt? Jasager hat er viele um sich. Mitarbeiter, die sich auch mal etwas trauen, sind angesagt und werden gefördert. Eine Katze kann Ihnen zeigen, wie man jemandem die Meinung sagt. Sie hat genau die natürlichen Instinkte, die wir Menschen uns aberzogen haben.

Wir können lernen von der Katze. Und deshalb sollten Sie die Frage »Warum sollte ich mir eine Katze zulegen?« auch mal unter einem ganz anderen, nämlich unter einem rein egoistischen Aspekt betrachten. Wobei ich mich selbst korrigieren möchte: Eine Katze »legt« man sich nicht »zu«. Die Katze gibt uns die Ehre, dass sie sich gerade uns »zugelegt« hat.

Weil sie einem immer wieder verzeiht

Unsere Katze mag keine Männer. Schon mal gar keine mit Mütze. Das liegt wohl daran, dass ihr früherer Mensch ein männlicher Witwer war und immer eine Mütze trug, wie das an der Küste so üblich ist. Dieser Mensch hat sie übel behandelt und mit Steinen beworfen, wenn sie ihm zu nahe kam. Deshalb wurde aus der Katze zwangsläufig ein Indianer, eine halbwilde Katze, wie bereits beschrieben. Nun trage ich zwar nicht immer eine Mütze und schon gar nicht, wenn ich mit der Katze schmusen möchte, aber hin und wieder eben doch. Außerdem kann ich nicht leugnen, dass ich ein Mann bin, und habe auch keine Lust, wegen der Katze ständig im Falsett zu sprechen wie ein Kastrat, um weiblicher zu wirken. Also sage ich: Liebe Katze, du musst jetzt mit mir leben und du wirst schon merken, dass es auch nette Männer gibt. Aber die Katze verzeiht mir nicht so leicht, dass ich ein Mann bin. Wenn sie mich sieht, dann haut sie ab. Wenn meine Frau sie ruft, dann kommt sie liebevoll angedackelt. Das ist blöd für mich. Denn auch als Mann möchte man mal die Katze streicheln oder füttern, man fühlt sich sonst ja diskriminiert!

Ein guter Zeitpunkt, die Einstellung der Katze zu Männern und insbesondere zu mir zu verbessern, waren drei Wochen im Sommer 2009, als meine Frau aus beruflichen Gründen den Hof verlassen musste und mir allein die Pflege von Haus, Hunden und Katze oblag. Jetzt war die Katze ja auf mich angewiesen, und sie wusste das natürlich vom ersten Tag an. Wahrscheinlich wusste sie es schon, als meine Frau ihre Koffer packte. Denn eine Katze beobachtet ihre Menschen immer, auch ohne dass die es mitkriegen.

Also: Die Katze wusste, dass harte Zeiten bevorstehen. Sie allein im Haus mit einem Mann, von den Hunden ganz zu schweigen: Das ging gar nicht. Die Katze beschloss, es ohne mich zu versuchen. Sie nahm ihre Mahlzeiten ein, wenn ich nicht da war. Sie ging zum Kacken nach draußen und ignorierte ihr Katzenklo. Sie war eigentlich unsichtbar. Nur wenn es dunkel wurde, sprang sie aufs Fensterbrett und starrte mich mit ihren grünen Augen reglos an. Stunde um Stunde.

Mir schien das ein Friedensangebot zu sein. Zwar wollte sie weder reinkommen noch gestreichelt werden, aber ganz ohne Mensch war ihr das Katzenleben doch zu einsam. Ich holte einen dieser kleinen Katzensticks, wo draufsteht, dass angeblich Lachs und Forelle drin sind, und zeigte ihr den durchs geschlossene Küchenfenster.

Am ersten Abend drehte sie indigniert den Kopf weg. Am zweiten Abend hob sie die Tatze und legte sie an die Scheibe. Am dritten Abend stellte sie sich am Fenster hoch und maunzte. Am vierten Abend öffnete ich das Fenster einen Spaltbreit, reichte ihr den Stick, sie schnappte ihn und verschwand. Die Katze hatte mir verziehen, dass ich ein Mann bin. Zwar wurden wir noch nicht gleich Freunde, aber das Abholen des Sticks mit (angeblich) Lachs und Forelle drin: Das wurde ein Ritual, das sich nun jeden Abend wiederholte. Aufs Fensterbrett springen, Fenster einen Spalt auf, Stick durchreichen und tschüs. So reglos angestarrt hat sie mich seitdem auch nicht mehr.

Weil sie so launisch ist
wie eine Diva

Katzen sind wie Frauen: Meistens sind sie zwar gut drauf, aber manchmal eben auch total launisch. Man liebt sie auch deshalb. Nie kann man ganz sicher sein, dass sie die eigene Gemütslage teilen! Man kann sich dabei sogar schwer verschätzen. Denn die Frau kann ja wenigstens sagen, wenn sie mies drauf ist. Die Katze sagt es einem nicht. Jedenfalls nicht sofort. Man kommt von der Arbeit nach Hause und freut sich auf die Katze, man ist sowieso gut gelaunt heute und möchte sie nur noch kurz streicheln, bevor man sich dem wohlverdienten Feierabend hingibt. Die Katze ärgert sich vielleicht gerade, weil ihr vorhin im Garten eine Maus durch die Lappen gegangen ist. Statt sich anzuschmiegen, holt sie kurz aus und verpasst einem so einen heftigen Kratzer, dass es gleich zu bluten anfängt. Natürlich kriegt sie daraufhin einen Schreck und verzieht sich erst mal, denn sehr empfindlich reagiert sie auf fluchende Stimmen. Die mag sie gar nicht; Fluchen ist sowieso unter ihrem Niveau. Man gewöhnt sich deshalb an, die Katze nicht gleich beim Nachhausekommen ungefragt zu streicheln – man wartet erst, bis sie selbst zum Schmusen angelaufen kommt. Das erspart einem eine Menge Kratzer.

Die Katze spielt auch gern Theater. Wenn man die Koffer packt und verreisen will, dann mimt sie gern die verlassene Geliebte. Jammernd verkriecht sie sich unters Bett oder hinter den Schrank, wo sie alleine kaum wieder herauskommt. Das Fressen rührt sie nicht an. Scheinbar bleibt auch ihr Klo unbenutzt. Nur immer dieses weinerliche Greinen aus irgendeiner Ecke. Hat man dann die Taxe bestellt und schaut sich an der Pforte noch einmal um, dann ist Schluss mit der Jammerei: Stolz steht sie am Fenster, schaut einem hinterher und überlegt, was sie in der sturmfreien Bude als Erstes anstellt. Jetzt ist sie endlich mal der Chef im Haus, was uns gleich zum nächsten Grund führt …

Immer will sie der Chef sein

Die Katze unterwirft sich nie. Zwar gewährt sie dem Menschen gern die Gnade, sie füttern zu dürfen. Aber an dem Spruch »Menschen halten sich Hunde, Katzen halten sich Menschen« ist schon etwas Wahres dran.

Die Katze bittet zur Audienz. Es ist eine Ehre, wenn man sie streicheln darf. Man sollte sie allerdings um Erlaubnis bitten (siehe voriges Kapitel).

Zu Gast in einer schicken Villa mit Elbblick in Hamburg-Blankenese konnte ich oftmals beobachten, wie herrisch die kleine Katze mit der Hausfrau umging.

Einmal bereitete die gute Frau in der Küche das Essen zu, und die Katze strich genussvoll und in Erwartung eines leckeren Happens um ihre Füße herum. »Es gibt nix«, sagte die Frau aus Spaß. Die Katze antwortete mit einem kurzen, verächtlichen Fauchen und strich weiter um sie herum, stellte sich mal kurz auf, wurde lauter, fordernder und fing, als es immer noch nichts gab, vernehmlich zu meckern an.

Das war kein richtiges Miauen! Es war eher eine Kanonade von wüsten Beschimpfungen, unterstrichen mit dieser eindeutigen Körpersprache: »Gib mir jetzt was, oder …« Der kleine niedliche Kopf wippte in einer seltsamen Wellenbewegung auf und ab, der ganze Katzenkörper war gespannt wie ein Flitzebogen, dann wieder Rollenwechsel: flehentliches Betteln und erbärmliches Jammern, als sei die Katze kurz vor dem Hungertod.

Wieder ein Rollenwechsel, jetzt versuchte sie es mit der »beleidigten Leberwurst«: Über den Rücken nach hinten wüst schimpfend, stolzierte sie Richtung Küchentür, verlor dabei nie die leckeren Bissen aus dem Auge und setzte quasi ein letztes Ultimatum: Entweder fliegt jetzt was runter, oder ich entziehe dir meine Sympathie für mindestens eine Viertelstunde!

Stundenlang kann sie schmusen

Das ist wohl der Grund, warum mehr Frauen als Männer Katzen lieben: Die Katze schmust so unendlich gern und so unendlich lange wie die Frau. Sie kennt dabei keine Zeit. Es wird ihr niemals langweilig. Sie mag auf jeden Fall länger schmusen, als der Mensch Zeit dafür hat. Wohlig schnurrend lässt sie es sich gefallen, dass man sie krault, streichelt, sie überhaupt nur anfasst und sich mit ihr beschäftigt: Welche Frau kann dieses Bedürfnis nicht nachvollziehen? Welche Frau möchte nicht viel länger gekrault, massiert und gestreichelt werden, als der Mann sich dafür Zeit nimmt?

Katzen und Frauen, die haben sogar sehr viel gemeinsam. Sie sind nicht nur seelenverwandt, sondern sie haben auch die gleichen körperlichen Ansprüche. Oooo, wie schön, mach weiter! Meeeehr davon! Mhmmmm, das tut gut. Leider haben Männer dafür meistens nicht so viel Verständnis. Irgendwann möchten sie nicht mehr kraulen. Dabei könnte es für Frau wie Katze endlos so weitergehen. Wenn die Frau nur lange genug gestreichelt wird, bekommt sie irgendwann sogar warme Füße. Das ist ein Hochgenuss für die Frau. Ob die Katze auch ständig unter kalten Füßen bzw. Tatzen leidet, ist wohl noch nicht hinreichend erforscht. Aber das Gefühl wird dasselbe sein. Weitermachen, immer weiter! Da kann sich der Mensch Stunden Zeit nehmen, und die Katze hat immer noch nicht genug von seinen Zärtlichkeiten.

Man liebt die Katze, weil sie für Streicheleinheiten so dankbar ist. Von ganz tief unten her kommt das wohlige Schnurren. Die Augen macht sie klein, es sind als intensivster Ausdruck des Wohlbefindens nur noch winzige Schlitze. Sie streckt sich der Menschenhand entgegen. Das Köpfchen schräg gestellt, bettelt sie nach mehr. Man darf dabei gerne telefonieren, nur eine Hand sollte bitte der Katze gehören. Frauen telefonieren sowieso viel mehr als Männer. Meistens mit ihren besten Freundinnen. Dabei eine Katze auf dem Schoß zu haben, ihre Liebe zu genießen und ihr Liebe zu schenken, das ist für Frauen die Erfüllung.

Zentimeter für Zentimeter wird das weiche, glänzende Fell erforscht. Ist irgendwo eine harte Stelle, etwas verfilzt, nicht so, wie es sein sollte? Stört irgendetwas die Idylle, die Perfektion des vollkommenen Glücks, der vollkommenen Schönheit? Man kann hier ein bisschen tasten und dort ein bisschen pusseln. So würde die Frau auch gern ihren Mann einmal unter die Lupe nehmen. Es gibt ja viele Frauen, die an der Gesichtshaut ihres Mannes herumdrücken möchten, die gerne Mitesser ausdrücken und das für vollkommen normal halten. Der Mann sagt ziemlich schnell: »Lass das!«, und zieht sich zurück. Die Frau kann das gar nicht verstehen. Sie wollte doch nur … Sie hat doch nur … Aber die Katze, die weiß ihre Liebe zu schätzen. Viel mehr als der Mann. Wie gesagt: Frau und Katze, die sind seelenverwandt. Die müssen sich einfach lieben.

Sie zeigt uns, dass sie ein Raubtier ist

Fällt Ihnen noch ein anderer Hausgenosse ein, der so widersprüchliche Eigenschaften wie eine Katze hat? Der Kanarienvogel sitzt immer gleich gelaunt auf seiner Stange (jedenfalls erweckt er nicht den Eindruck, als wenn zwei Seelen in seiner gefiederten Brust steckten). Er frisst und piept, er kackt und freut sich seines Lebens. Frisst er nicht mehr, ist er wohl krank.* Der Fisch in seinem Aquarium – na ja: Vielleicht können Freunde der Zierfische tatsächlich Geschichten von deren Seelenzustand erzählen; mich interessieren sie nur insofern, als ich ihnen dringend raten würde, Abstand zu unserer Katze zu halten. Und selbst Hunde haben, wenn sie normal entwickelt sind, ein weitgehend berechenbares und gleichförmiges Gemüt.

Nur in der Katze stecken zwei vollkommen unterschiedliche Wesen, und sie lebt beide aus: Schmusekätzchen ist sie und brutales Raubtier, sanftes Herzchen und eiskalte Jägerin, faul wie die Sünde und schneller als die Maus. Genusssüchtig ist sie bis zum Verfetten und genügsam bis zum Abmagern, zutraulich wie ein Kind und misstrauisch wie ein Betteljunge. Ihre Liebe verschenkt sie aus vollstem Herzen und ihre Antipathie zeigt sie derart direkt, dass es uns Menschen manchmal fast unangenehm ist. Und wenn richtig Stress aufkommt, erkennt man das eigene Tier nicht wieder. Haben Sie sich schon mal mit einer Katze angelegt, die sich in die Enge getrieben fühlt? Es ist dringend davon abzuraten: Dieses kleine, eben noch so herzige Wesen verfügt über Kampftechniken, denen

---

* Ich gebe allerdings zu, dass ich mich noch nie näher mit der Psyche eines Kanarienvogels befasst habe.

des Menschen Reaktionsgeschwindigkeit nicht gewachsen ist. So schnell hält niemand die schützende Hand vors Gesicht, wie eine Katze in Angst ihre Krallen durchzieht.

Ich erinnere mich an einen Nachbarn, dessen treues schmusiges Kätzchen in einem Moment der Unachtsamkeit ausrutschte und ins Wasser fiel. Der Nachbar zog sich aus und sprang hinterher, um die Katze zu retten. Im Wasser traf er auf ein anderes Wesen. Ich sah ihn erst am nächsten Tag. Eine Wunde war genäht, ein Auge war zugeschwollen, am Hals hatte er tiefe Kratzwunden, und der Rest war bandagiert. Er sah aus wie ein Zombie. Die kleine Katze war allein an Land geschwommen und blinzelte träge in die Sonne, so als könne sie kein Wässerchen trüben.

Wenn man mit einer Katze zusammenlebt, kennt man nach einer Weile diese zwei vollkommen gegensätzlichen Wesen, die in ihr stecken. Und man liebt sie auch deswegen. Allerdings entwickelt man im Laufe der Zeit auch einen gehörigen Respekt vor ihr. Denn so lieb, wie sie sich meistens gibt, ist sie durchaus nicht immer.

Wie sie uns vermisst!

Nehmen wir sie mit, geben wir sie weg oder soll Oma kommen? Das ist natürlich die klassische Katzen-Familien-Frage vorm Urlaub, und die Entscheidung fällt niemals leicht. Die erste Alternative hat schon dazu geführt, dass es der letzte Urlaub mit der Katze war. Ungewohnte Umgebung, abgehauen, nie wiedergekommen. Was die Urlaubsfreude in gewisser Weise schmälert. Die zweite Alternative ist teuer, sofern man sich für ein Katzenhotel entscheidet, und man weiß ja auch nicht, wie es ihr dort gefallen wird. Also wieder Oma zum Einhüten. Der aber bricht es fast das Herz, wie deutlich sichtbar die Katze »ihre« Menschen vermisst. Es ist für die Katze nämlich nicht dasselbe, wenn jemand anders sie streichelt und mit ihr spricht. Den ganzen Tag sitzt sie am Fenster und schaut traurig hinaus, denn irgendwann müssen die doch mal wiederkommen. Beim leisesten Geräusch zuckt sie zusammen und spitzt die Ohren. Das wird auch nach einigen Tagen nicht besser.

Katzen haben ein sehr gutes Gedächtnis. Vermutlich ein viel ausgeprägteres als zum Beispiel Hunde, die ihre Menschen zwar auch vermissen – aber sich doch nach einigen Stunden oder spätestens am zweiten Tag wieder den genüsslichen Seiten des Lebens zuwenden können. Die Katze trauert und trauert. Sie hat zu nichts mehr richtig Lust. Das Wollknäuel, dem sie sonst hinterherjagt wie nix Gutes, beobachtet sie mit depressiver Körperhaltung und lässt es reglos direkt vor der Nase entlangrollen. Appetit hat sie kaum. Mäkelig schnuppert sie an ihrem Napf herum, wendet sich angeekelt ab, nimmt allenfalls ein paar Bissen, trinkt einen winzigen Schluck und widmet sich wieder ganz ihrer Trauer, in der sie aufgeht wie ein Klageweib an der Mauer. Sie ist nicht einfach *traurig*, sie *ist* die personifizierte (bzw. animalisierte) Trauer. Sie *erlebt* kein Drama, sondern sie *durchlebt* es. Viele Katzen kommen aus Sehnsucht nach ihren Menschen dem Tode nahe. Vor allem, wenn sie alt oder sonst wie geschwächt sind und über nicht so viele Reserven verfügen, von denen sie in diesen schlimmen Wochen zehren können. Man muss wirklich lange überlegen, ob es noch andere Tiere gibt, die so ausdauernd vermissen können. Vermutlich gibt es keine. Wenn aber die Katze unter der Trennung leidet und sogar aus Kummer langfristig das Fressen verweigert: Müsste man ihr dann nicht unterstellen, dass sie *Trauer* empfinden kann? Sagen Sie nicht vorschnell »Ja, warum nicht?«! Sie begeben sich damit nämlich auf ziemlich dünnes Eis. Es ist so: Wenn die Katze Trauer *empfinden* könnte, dann hätte sie ein *Bewusstsein*. Es wäre ihr nämlich *bewusst*, dass *ihr* etwas fehlt (Sie nämlich). Hat die Katze aber ein Bewusstsein, so wäre damit die Schwelle überschritten zu der größtmöglichen Ähnlichkeit zwischen Mensch und Tier. Wissenschaftler sprechen diese Nähe nur wenigen als hochintelligent geltenden Tieren zu (Schimpansen zum Beispiel und Delfinen, aber Katzen keineswegs).

Ich persönlich glaube ja, dass Katzen noch viel intelligenter sind als Schimpansen und Delfine. Und dass sie durchaus Trauer empfinden können. Und dass sie ein Bewusstsein haben. Aber damit stehe ich in wissenschaftlichen Kreisen ziemlich alleine da (was wohl daran liegt, dass ich gar kein Wissenschaftler bin).

Und wie sie sich freut, wenn wir wieder da sind

Und dann ist der Mensch endlich zurück. An dieser Stelle erwarten Nicht-Katzen-Kenner eine rührende Geschichte von dem lieben kleinen Kätzchen, das ganz aus dem Häuschen ist, den Menschen um die Beine streicht, herzergreifend miaut, gar nicht mehr runter will vom Arm und sich sooo freut, dass Frauchen oder Herrchen wieder da sind! Stimmt's?

Denkste. So kommt es meistens nicht. Die Katze freut sich zwar. Aber sie wird den Teufel tun, das so direkt zu zeigen. Zwar kann es sein, dass für einige Momente die Freude mit ihr durchgeht und sie tatsächlich schmusig angedackelt bzw. »angekatzelt« kommt. Aber viele Menschen sind total enttäuscht, weil die Katze nach dieser kurzen emotional gefärbten Reaktion überhaupt keine Gefühlsregung zeigt. Im Gegenteil. Sie guckt demonstrativ woandershin, sie putzt sich erst einmal, als sei alles ganz normal, sie fängt mit irgendwas zu spielen an und – ja, sie straft den heimkehrenden Menschen mit einer provokativen Mischung aus Missachtung und Ignoranz bis hin zur Unhöflichkeit.

Und sie weiß genau, warum sie das macht. »Mich Katze lässt man nicht ungestraft einfach allein«, heißt die Botschaft. »Du denkst, dass ich jetzt angeschmust komme? Da hast du dich aber geschnitten. Ich habe dich mehr vermisst, als dich je ein anderer Mensch vermissen wird. Ich wäre fast gestorben vor Trauer. Und jetzt, wo du mal eben wieder da bist, soll ich in Jubel ausbrechen? Was denkst du, wer du bist, du Mensch?«

Manchmal scheint es, dass Katzen ihre Emotionen total unter Kontrolle haben. Das kann natürlich nicht sein. Emotionen kontrollieren zu können (jedenfalls meistens), betrachten wir Menschen als unser Privileg und vor allem als eines der Unterscheidungsmerkmale zwischen uns und dem Tier. Das Tier sei ausschließlich von Emotionen und Erfahrungen beeinflusst, haben uns die Wissenschaftler beigebracht. Nur der Mensch habe die Gabe, erst zu denken und dann zu handeln, Emotionen ganz nach Belieben zuzulassen oder zu unterdrücken, sie auszuleben oder sie auszuschalten. Deshalb stehe der Mensch auf einer höheren Ebene als das Tier.

Wer lange mit einer Katze zusammenlebt und den »gesunden« Menschenverstand gebraucht*, der hat daran seine Zweifel. Denn gerade eine Katze, die nach längerer Zeit der Trennung ihren Menschen wiedersieht, verhält sich so gar nicht »tiergemäß«. Die Katze straft und belohnt, sie vergibt emotionale Leckerlis und teilt seelische Hiebe aus. Rätsel Katze. Wer sich je mit einer beschäftigt hat, der wird immer mit einer leben wollen.

---

* Das ist übrigens auch eine Floskel, über die man mal diskutieren müsste. Was ist am sogenannten Menschenverstand eigentlich »gesund«?

KAPITEL 2

Die Katze und ihr Garten-Glück

Weil sie so leidenschaftlich Mäuse fängt

Katzen, die raus dürfen, sind besonders glückliche Katzen. Das soll nun nicht heißen, dass Katzen in einer Stadtwohnung unglücklich sind.

Das zu behaupten, wäre wirklich Quatsch. Katzen in einer Stadtwohnung (auf die wir übrigens noch ausführlich zu sprechen kommen) haben zum Beispiel erheblich weniger Krankheiten bzw. Verletzungen als Katzen im Freien, sie haben auch weniger Gefahren zu bestehen, sie leben in der Regel erheblich länger und verursachen, ganz nebenbei erwähnt, auch erheblich weniger Tierarztkosten.

Dennoch stelle ich die Behauptung auf, dass die glücklichste Katze draußen *und* drinnen leben darf. Der Mensch hat es sich zur Gewohnheit gemacht, Tiere zu domestizieren; man bezeichnet diese Errungenschaft sogar als Ursprung der angeblichen menschlichen Überlegenheit gegenüber dem Tier: Er, der Mensch also, »machte sich die Tiere untertan« (Bibel). Die Katze hat der liebe Gott natürlich nicht damit gemeint. Eine Katze macht sich niemand »untertan«. Man kann der Katze nur ein warmes Plätzchen für kalte Tage anbieten, und wenn man Glück hat, dann nimmt die Katze dieses Plätzchen gnädig an.

Also, obwohl Katzen in einer Stadtwohnung ohne Garten glücklich steinalt werden können, hat das Leben der Katze drinnen *und* draußen unbestrittene Vorteile, und am geilsten findet es die Katze, wenn sie so wie unsere ein fast nicht mehr zu beherrschendes Outdoor-Revier von immerhin 13.000 Quadratmeter mit Knicks und Gebüschen, Weiden und Gräben, baufälligen Schuppen,

Werkstätten und Garagen ihr Eigen nennt und sie trotzdem per Katzenklappe bei Regen, Sturm, Graupelschauern, Gewitter, Hagel, Schnee und anderen Wetterwidrigkeiten jederzeit ins Warme hüpfen kann, wo es – welch Luxus! – auch noch etwas zu essen gibt, weil da ein kleiner sauberer Napf mit was drin steht, und daneben sogar noch eine Schale mit frischem Wasser.

Wow. Davon kann der wilde Kater vom Bauern gegenüber, dieser verfluchte Terrorist mit seiner unglaublichen Futterneiddreistigkeit und den schlechten Manieren, doch nur träumen! Aber der soll mal kommen. Dem haut sie gleich was vors Maul, so dass er humpelnd und schreiend das Weite suchen wird. Ist er schon da? Raschelt da was im Gebüsch? Komm raus, du Feigling!

50 Quadratmeter Vorgarten sind der Katze ebenso recht. Es geht ihr nicht um die Größe ihres Reviers. Es geht um die unglaubliche Vielfalt von Beutetieren, die in einem Vor- oder Schrebergarten genauso vorhanden ist wie auf einer 5-Hektar-Weide. Vor allem geht es selbstverständlich um der Katze liebstes Beutetier. Und das ist natürlich die Maus.

Nun hat die Katze den unbestreitbaren Vorteil, dass der Mensch die Maus aus irgendwelchen Gründen auf die No-go-Liste gesetzt hat.

Der Mensch mag die Maus nicht. Deshalb freut sich der Mensch, wenn die Katze eine Maus fängt. Er lobt sie dafür und sagt: »Oh, wie schön, hast du eine Maus gefangen?« Das ist natürlich mal wieder so ein Fall von »gesundem Menschenverstand«, der gar nicht gesund ist (wie bereits erwähnt). Es ist so unverständlich wie die Vorliebe des Menschen für Marienkäfer (»oh, wie süß«) und seine Antipathie gegen Spinnen, die auch viele Beine haben und im Gegensatz zum Marienkäfer sogar noch nützlich sind (»iiih, eine Spinne«).

Mäuse jedenfalls mag der Mensch nicht, und darum lobt er die Katze, wenn sie eine fängt. Wer eine Outdoor-Katze hat, reduziert sogar das Futter, damit die Katze ja nicht das Mäusefangen verlernt (das machen wir auch so). Wobei das eigentlich Quatsch ist:

Die Katze fängt die Maus ja nicht, weil sie Hunger hat und nun unbedingt eine Maus zum Überleben braucht, sondern sie fängt die Maus aus Jux, weil sie einen ausgeprägten Jagdinstinkt hat und die Maus so blöd ist, dass sie ständig wegläuft.

Die elegante Jägerin

Fremde Geräusche, lauernde Feinde, lockende Beute, ferne Stimmen, fallende Blätter, knackende Äste, seltsame Gerüche, nagender Hunger und es ist Nacht. Einsam geht die Katze nun auf die Jagd. Wir Menschen sitzen drinnen vor dem Fernseher. Viel spannender wäre es, jetzt die perfekteste aller Jägerinnen da draußen im Garten zu beobachten. Wenn die Sonne untergeht und sich der Abend auf die Rosenbeete senkt, ist die Katze in ihrem Element. Unglaublich, wie elegant und lautlos sie sich bewegt. Unfassbar, was sie in der Dunkelheit sieht. Kein Soldat hat so ein Nachtsichtgerät zur Verfügung wie das Auge der Katze. Ein Restlichtverstärker für viele tausend Euro wäre ein lachhaftes Spielzeug gegen das riesengroße grüne alles sehende Auge der nachts jagenden Katze. Dazu kommt diese unglaubliche Schnelligkeit, mit der sie zielgerichtet abspringen, punktgenau landen und eiskalt zupacken kann.

Der Feind ist die Maus. Die ist nicht dumm und nicht langsam. Sie ist sogar blitzschnell. Aber sie braucht ein Loch, um darin zu verschwinden. Und genau das weiß die Katze mit ihrer in Jahrtausenden antrainierten List. Wie clever sie dem kleinen Nager den Weg abschneidet! Wie gerissen sie die Pläne der Maus vorauszuahnen scheint! Wie genau sie den richtigen Absprungwinkel wählt, um der Maus den Fluchtweg abzuschneiden! Das ist genial und absolut bewundernswert.

Die tote Maus ist für die Katze, wie schon erwähnt, mehr Trophäe als Futter. Sie legt den kleinen Kadaver sorgfältig vor der Tür ihrer Menschen ab und geht befriedigt schlafen. Spätestens am nächsten Morgen erwartet sie eine gewisse Dankbarkeit. Ein kleines Lob wäre das Mindeste, so nach dem Motto: »Oh, du hast eine Maus gefangen! Vielen Dank! Das hast du aber schön gemacht!«, oder etwas Ähnliches. Jedenfalls möchte sie für ihre Mühe belohnt werden, denn leicht war diese Killeraktion ja nun wirklich nicht.

Hier stellt sich nun die Frage, woher die Katze eigentlich weiß, dass der Mensch eine tote Maus für lobenswert hält. Angeblich (das sagt die Wissenschaft) ist das Verhalten der Katze ja das Ergebnis von jahrtausendealter Evolution. Aber kann das wirklich so sein? Vor tausend Jahren hat sich doch kein Mensch dafür interessiert, ob die Katze eine Maus vor der Haustür ablegt! Im Jahre 1010 nach Christus hat der Mensch mit der Maus zusammengelebt. Es war bekanntlich genau das Jahr, in dem Bischof Bernward auf dem im heutigen Niedersachsen gelegenen Hildesheimer Klosterhügel den Grundstein für eine vorromanische Kirche legen ließ, die er dem heiligen Michael (Begleiter der Sterbenden) weihte: die Michaeliskirche, noch heute zu besichtigen, Weltkulturerbe und ab 2014 auf der Rückseite der Zwei-Euro-Gedenkmünze zu betrachten.

Wer glaubt ernsthaft, dass damals eine Katze für das Ablegen einer Maus vor der bischöflichen (oder einer sonstigen) Haustür *gelobt* wurde? Auch das ist eines der Rätsel, die uns die Katze aufgibt: woher sie eigentlich weiß, dass für uns Menschen nur eine tote Maus eine gute Maus ist. Vielleicht ist es aber auch ganz anders gelaufen, und die Katze hat schon zu Bischof Bernwards Zeiten tote Mäuse vor Haustüren abgelegt. Nur hat sich damals eben keiner so richtig dafür interessiert.

Souverän im Stress

Liebe macht blind, Hunger macht gierig. Aber gleichzeitig blind *und* gierig kann lebensgefährlich sein. Genau das sind die vielen Kater, die nachts um unser Haus schleichen: blind *und* gierig.

Anderthalb Hektar Land mit einer frei laufenden Katze weiblichen Geschlechts zieht Kater an wie der Honig die Fliegen. Vor Verehrern kann sich unsere kaum retten. Wer ein Haus mit Katze hat, der kennt das. Auch, wenn die Katze kastriert ist. Ständig streichen halbwilde Vierbeiner ums Haus: schwarze, weiße, gescheckte, rote, getigerte, graue, kleine, große, welche mit schlimmen Narben, welche mit verfilztem Fell und andere, die recht gepflegt aussehen. Manche könnte man glatt zu einem Schönheitswettbewerb oder einer Zuchtausstellung schicken. Andere sind so verkommen, dass man sie erst einmal in eine Badewanne stecken möchte.

Schwer auszumachen ist allerdings, ob sie die Katze oder den Futternapf erobern wollen. Bei uns in der Nachbarschaft werden viele Katzen nämlich überhaupt nicht gefüttert! Sie leben nur von dem, was sie fangen. Das reicht ihnen zwar vollkommen, aber hin und wieder eine lecker servierte Mahlzeit … Bei uns gibt es eben immer etwas zu futtern. Gut möglich also, dass die zahlreichen Gäste-Katzen deshalb mit allen möglichen Tricks versuchen, durch die Katzenklappe in unser Haus einzudringen und sich an dem leckeren Mahl zu beteiligen.

Unsere Katze geht mit dieser Stresssituation recht geschickt um. Wenn wir das richtig deuten, markiert sie ihr Terrain ebenso wie ein Hund. »Bis hierhin darfst du, aber nicht weiter! Wage das ja nicht!« Um ihre Ansprüche durchzusetzen, geht sie regelmäßig

Streife, und zwar immer dieselbe Route. Offenbar überprüft sie – aus Erfahrung klug geworden – einige beliebte Stellen, an denen fremde Kater vorzugsweise unseren Zaun überwinden, und verschafft sich nicht zuletzt auch anhand der verschiedenen Uringerüche einen Überblick darüber, wer in der letzten Zeit einzudringen versucht hat. An dieser Stelle wollte ich eigentlich erörtern, wie viele Kater eine Katze anhand ihres Uringeruches unterscheiden kann, was ja höchst spannend wäre[*], aber leider konnte keiner der von mir befragten Katzen-Experten diese Frage beantworten, und im Internet bin ich auch nicht weitergekommen. Ich wette, Sie wissen das auch nicht.

Aber zurück zum Thema. Niemals würde Rumpel von innen durch die Katzenklappe ins Helle schreiten, ohne zu prüfen, ob die Luft rein ist. Mit viel Geduld hält sie ihr Näschen in den Wind, schnuppert hierhin und dorthin, beobachtet das Gebüsch, schaut in die Ferne und erst dann, wenn wirklich keine Gefahr zu drohen scheint, setzt sie vorsichtig den ersten Fuß vor die Tür. Kennen Sie den Typ aus dem Western-Comic, der grundsätzlich erst seinen Hut auf einem Stock aus der Tür hält, bevor er sich auf die Straße traut?[**] Hat der Hut danach ein Einschussloch, bleibt er für heute zu Hause. Hat der Hut kein Einschussloch, geht er los. So macht das die Katze auch. Vorsicht ist die Mutter der Porzellankiste: Was der Mensch mit Hilfe von Sprichwörtern mühsam oder niemals lernt, das hat die Katze von Natur aus drauf.

Manchmal allerdings wird die Katze trotz ihrer Vorsicht überrascht, und dann kommt es zu echtem Stress. Wenn der Wind ungünstig steht und der fremde Kater dicht an der Hauswand entlang übers Grundstück schleicht, und wenn sie dann um die Ecke biegt und ihm urplötzlich gegenübersteht – dann wird aus der kleinen Katze eine Tigerin. Null Angst, keine Rücksichtnahme,

[*] »Wetten, dass … die Katze von Hauke Brost mindestens sieben verschiedene Kater erkennt, von denen sie eine Urinprobe vorgesetzt bekommt?« wäre doch eine super Wette für Thomas Gottschalk und würde unsere Rumpel noch berühmter machen, als sie seit Erscheinen dieses Buches ohnehin schon ist.

[**] Ich vermute, dass es Lucky Luke gewesen ist.

aber Heimvorteil! Da es ihr Revier ist, tritt sie offenbar aggressiver auf als die viel größeren und stärkeren Eindringlinge. Womöglich kennt sie das Terrain auch besser und kann sich deshalb mehr erlauben. Bisher hat sie noch jeden in die Flucht geschlagen, der ihr unverhofft begegnete. Da sie hiermit aber nicht zufrieden ist und auch noch hinterherjagt (wie weit, wissen wir natürlich nicht), kommt sie manchmal erst nach Stunden oder Tagen heim und zeigt dann bisweilen auch deutliche Spuren eines Kampfes.

Viel einfacher ist es für die Katze, wenn jemand vom Hunger getrieben auf die todesmutige Idee kommt, sie in ihrer Garage heimzusuchen. Dort steht nämlich der Futternapf. Im Sommer ist das eher selten. Wenn es aber kalt und der Boden gefroren ist, passiert es häufiger. Offenbar lauert sie dann schon auf der Innenseite der Katzenklappe, die Vorderpfote bereits erhoben, der Blödian steckt gierig seinen Kopf durch und – zack, fängt er sich einen Hieb ein. Vermutlich probiert das jeder Kater nur einmal und dann nie wieder, aber es kommen ja jährlich ein paar neue, junge, unerfahrene hinzu. Und die müssen ihre Lektion auf unserem Hof dann sehr, sehr schmerzhaft lernen.

Sie ist eine Sonnenanbeterin

Der liebe Gott schuf die Katze und war damit nicht nur zufrieden, sondern er war total stolz. So hatte er sich das gedacht. Endlich war ihm das vollkommene Wesen gelungen, nach vielen halbherzigen Versuchen wie zum Beispiel Einzeller, Qualle, Regenwurm, Hund und anderen Experimenten, die auch nicht ganz schlecht, aber eben doch unvollkommen waren.

Es ist leider nicht überliefert, an welchem Tag der Schöpfungsgeschichte das gewesen ist, aber wahrscheinlich war es der fünfte (am sechsten war ja der Mensch dran, und am siebten hat er blau gemacht). »Du bist die Krone der Schöpfung«, sagte der liebe Gott zur Katze. »Was Besseres als dich kriege ich nicht mehr hin. Nur den Menschen noch (den schaffe ich lässig bis morgen Abend). Wir brauchen den Menschen, damit er dich füttern kann. Aber er wird keinesfalls so vollkommen sein wie du.« Da sagte die Katze zum lieben Gott: »Lieber Gott, das ist ja alles schön und gut. Aber es ist so kalt hier! Es wäre also nett, wenn du irgendwie für etwas mehr Wärme sorgen könntest. Wenn *ich* die Krönung der Schöpfung bin, dann kannst du mir diesen Gefallen ja wohl tun. Du willst doch, dass ich glücklich bin. Oder …?«

Da schuf der liebe Gott das Sonnenlicht, und seitdem liebt die Katze nichts so sehr wie die ersten warmen Strahlen der Frühlingssonne. Wenn die den Garten erwärmen, ist die Katze nicht wiederzuerkennen. Bei Regen und Schnee macht sie sich klein und den Rücken krumm. Scheint die Sonne, ist ihr Rücken gerade und sie wirkt fast doppelt so groß wie im Winter. Bei Sonne reckt und streckt sie sich. Da geht einem das Herz auf. Ausnahmsweise vergisst sie ihr angeborenes Misstrauen und ihre Vorsicht. Ausgelassen wirft sie sich auf den Rücken und lässt sich den Bauch wärmen. 100 Prozent Genuss pur! Dann liegt sie stundenlang mit fast geschlossenen Augen dort, wo es am wärmsten ist, und rührt sich nicht vom Fleck.

Unsere Hunde suchen sich immer die schattigsten Plätzchen aus (weil sie so ein dickes Fell haben und die Sonne gar nicht mögen), aber die Katze kennt nichts Schöneres als die pralle Sonne. An sich ist sie eher ein nachtaktives Tier. Aber wenn die Sonne scheint, zeigt sie sich auch tagsüber. Hochbeinig und lautlos stakst sie an den schlafenden Hunden vorbei, die wieder einmal nichts mitkriegen, huscht durchs Hoftor und besucht ihren Lieblingssonnenplatz auf der Südseite, ganz oben auf einem Hang unter einem Busch von knospigen Heckenrosen. Ohne vollkommen wegzutreten, versinkt sie in einen langen schlafähnlichen Zustand. Trotzdem bekommt sie natürlich alles mit, was in ihrer Umgebung geschieht. Aber sie lässt sich nur ungern stören. Wenn man sie dort trifft und anspricht, hebt sie kurz das Köpfchen – und lässt es gleich wieder fallen. Jetzt noch gestreichelt zu werden, wäre das Größte für sie. Ganz träge liegt sie da und lässt ein wohliges Schnurren hören. Der Mensch ist ja nicht so dafür geschaffen, über längere Zeit hinweg einem Übermaß an Genüssen ausgesetzt zu sein, im Gegenteil: Wir fangen schnell zu jammern an; uns ist es entweder zu heiß oder zu kalt, zu trocken oder zu nass. »Nichts ist schwerer zu ertragen als eine Reihe von schönen Tagen.«[*] Die Katze ist da viel dankbarer! Ihretwegen könnte es immer heiß sein, Regen braucht sie gar nicht, Kälte ist auch nicht so ihr Ding. Die Katze ist ein echter Schönwetter-Genießer, und sie würde niemals wegen zu viel Hitze zu jammern anfangen. So wie wir das machen. Wir – die leider nur zweitbeste Rasse der göttlichen Schöpfung.

---

[*] Goethe, 1815 (»Sprichwörtlich«), heißt aber im Originalzitat: »Alles in der Welt lässt sich ertragen. Nur nicht eine Reihe von schönen Tagen.«

Ihr Home is ihr Castle

Nichts liebt die Katze so sehr wie ihr Schlafquartier. Ihre Höhle. Ihr *Castle*. Ihr Zuhause. Ihr Bett. Ihr Paradies. Ihr Rückzugsort. Ihre *Lounge*. Ihre eigenen vier Wände, wo sie ganz für sich sein kann. Es ist ihre Kuhle, in der sie jede Nacht genauso liegt wie in der vorigen. Die Kuhle riecht nach ihr und sonst nach niemandem. Reinhüpfen und sich wohlfühlen. Einmal noch drehen, hinlegen und Tür zu – jedenfalls symbolisch. So wie in der Mercedes-Werbung, wo der Typ sich aus dem Lärm der Straße ins Auto flüchtet, die Tür schließt und die plötzliche Stille genießt: »Endlich zu Hause.«

Mal ehrlich: Bei der Auswahl des passenden Schlafquartiers kann der Mensch die Katze sehr gut verstehen. Denken Sie nur mal daran zurück, wie Sie das letzte Mal eine neue Wohnung gesucht haben. Das ist die Hölle! Man guckt sich 100 Wohnungen an, 99 sind vollkommen daneben und die 100. schnappt einem jemand vor der Nase weg, oder dem Makler gefällt Ihre Nase nicht.

Die Katze hat auch ihre Probleme, bis sie endlich das Passende gefunden hat. Es ist erstaunlich, wie wählerisch sie bei der Wahl ihres Versteckes vorgeht. Dabei zeigt sich, dass der Katzengeschmack nicht unbedingt dem des Menschen entspricht. Anfangs hatte unsere Katze eine ganze Reihe von möglichen Verstecken und Höhlen, zwischen denen sie sich entscheiden konnte. Das hat sie genossen. Aber was wir gut fanden, stieß bei ihr durchaus nicht immer auf Sympathie.

Da war zunächst mal eine Art »Katzenhütte« im Freien. Ihr Eingang war genau so bemessen, dass die Katze zwar hineinschlüpfen konnte, die Hunde aber nicht. Weil sie anfangs aber wenigstens mit ihrer dicken Schnauze hineinschnüffelten, bekam die Hütte auch noch einen Vorbau, der früher einmal als gewölbtes Blumengitter gedient hatte. In dieser Hütte, die innen natürlich weich ausgekleidet war, haben wir unsere Katze nur selten gesehen. Keine Ahnung, was ihr daran nicht gefiel.

Schon mehr Anerkennung fand eine ausrangierte Frisierkommode, in die wir ein Seitenloch sägten. Dass wir auch noch Fenster, einen Dachfirst, einen Kamin und ein Schild »No dogs please« draufmalten, war ihr natürlich egal. Drinnen gefiel es ihr gut, denn es gab ein Strohlager und dunkel war es auch. Die eigentliche Kommodentür hatten wir verriegelt, aber wohl nicht gut genug: Irgendwann sprang sie auf, die Katze muss sich mörderisch erschrocken haben und hat diesen Teufelsplatz seitdem nicht mehr betreten – obwohl wir mit einigen listig ausgelegten Leckerlis versuchten, sie wieder hineinzulocken.

Eine hässliche alte Styropor-Kiste, in der mal Krabben transportiert worden waren (mhm, lecker) und in der zufällig eine alte Decke vergessen wurde, hat es ihr dann für eine Zeit lang angetan. Die stand zwar völlig ungeschützt oben auf besagter Kommode drauf, aber das störte sie nicht. Nach dem Motto »Wen ich nicht sehe, der sieht mich wohl auch nicht« blieb sie ruhig liegen, wenn ich die Garage betrat (obwohl sie, wie bereits erwähnt, angesichts von männlichen Zweibeinern normalerweise blitzschnell die Flucht ergreift).

Noch im letzten Winter war das ihr auserkorener Rückzugsort, ihr Hort, ihr Zuhause, ihr Domizil. Bis »Hummel« in unser Leben trat. Die auch schon in diesem Buch erwähnte katzenhassende und in Ehren ergraute Dackeldame hatte zwar absolutes Garagenverbot, um die Intimsphäre der Katze nicht allzu sehr zu stören. Aber haben Sie mal versucht, einem Dackel das Betreten einer Garage zu verbieten, in der eine Katze wohnt?

Man hat das Tor noch nicht mal hoch, da ist der Dackel schon drin und muss erst wieder mühsam vertrieben werden. Zwar kam

Hummel an die Kiste nicht heran. Aber allein ihre Anwesenheit war der Katze nicht zumutbar. Noch einmal zog sie um, und zwar hinter eine meterhohe Mauer im Lagerraum der Heizöltanks. Dort hat sie keinen Schlafplatz, keine Decke und kein Strohlager. Also eigentlich hat sie dort gar nichts. Dort wollte sie erst einmal bleiben.

Die Dackeldame Hummel ist längst verstorben. Also könnte die Katze wieder in ihre alte Krabbenkiste ziehen. Das lehnt sie jedoch ab. Da hinten bei den Tanks, neben dreimal 2000 Liter Heizöl, fühlt sie sich jetzt schon seit Monaten wohl, hüpft abends über die Mauer, bleibt bis morgens unsichtbar, verschwindet im Morgengrauen im Knick, wartet auf die Sonne, fängt Mäuse, narrt die Hunde, treibt allerlei Schabernack und verschwindet abends wieder hinter den Heizöltanks. Was soll's: Der Katze Wille ist ihr Himmelreich. Und richtige »Berber« kann man ja bekanntlich auch nicht einfach so in eine Mietwohnung verpflanzen: Die hauen ab, weil's ihnen zu eng ist in einer Wohnung mit Wänden und Dach. Aber das schicke Katzenhaus mit dem aufgemalten Schornstein und dem »No dogs please«-Schild an der Eingangsluke – das halten wir für sie frei. Falls sie doch noch den Luxus lieben lernt.

Sie kennt die besten Verstecke

Wenn die Katze draußen lebt, hat sie einen Riesenvorteil. Sie kann nämlich auch mal abhauen. Katzen verstecken sich für ihr Leben gern. In der Wohnung gibt es nicht so viele Möglichkeiten: Unterm Sofa, okay, aber schon bald bückt sich der Mensch und sagt »ach, da bist du!!«. Dann ist der Spaß vorbei, man kann dasselbe noch mal mit dem Kleiderschrank machen, aber irgendwann bückt sich der Mensch halt auch im Schlafzimmer. »Ach, da bist du!«

Sagen Sie nie zu Ihrer Katze »ach, da bist du!«. Sie mag das nicht. Es nimmt ihr die Freude am Versteckspiel. Rufen Sie »Katze, wo bist du?«, tun Sie verzweifelt, gucken Sie hier und da – aber immer vergeblich. Auch wenn Sie längst wissen, wo sich das liebe Tier versteckt. Ich wette, die Katze sitzt in ihrem Versteck und wischt sich die Lachtränen aus dem Auge.

Wenn die Katze einen Garten hat, dann geht es ihr irgendwie besser. Die häufigste Frage, die sich Katzenhalter mit Garten stellen, ist nicht: Geht es der Katze gut?, sondern: Wo mag sie wohl gerade sein? Katzen kennen die besten Verstecke auf dem ganzen Grundstück, und die suchen sie nach ganz bestimmten Voraussetzungen aus.

Als da wären: Erstens: Die Katze möchte natürlich möglichst nicht entdeckt werden. Also wird sie ein besonders gut getarntes Versteck wählen. Zweitens: Sie möchte gleichzeitig möglichst viel sehen. Also wird es ein Plätzchen sein, wo sie die ganze Familie genauestens beobachten kann. Drittens: Ihr Versteck sollte etwas höher gelegen sein. Das bringt eine gute Ausgangsposition, um

bodenständige Nager wie zum Beispiel Mäuse von oben zu über-
raschen, wo sie nicht so oft hingucken. Außerdem können natürliche Feinde wie ekelige Hundeviecher und andere Verbrecher
einen nicht so leicht kriegen. Wer seine Katze im Garten sucht bzw.
ihr Versteck finden möchte, sollte deshalb öfter mal nach oben
schauen! Wo ein Baum steht, könnte sehr gut die Katze drin sein.
Sehen wird man sie dennoch erst auf den vierten oder fünften Blick,
denn Katzen können sich im dichten Laub derart gut verstecken,
dass man sie manchmal gar nicht erkennt.

Das wahre Katzenparadies aber ist ein Grundstück mit Unter-
holz, Bäumen, Büschen, verfallenen Schuppen und Wassergräben.
So etwas gibt es natürlich nur auf dem Land. Unsere kleine Warft
auf einer nordfriesischen Insel ist auf allen vier Seiten von einem
brackigen tiefen Güllegraben umgeben, in dem zur Freude unserer Haustiere ziemlich viele Ratten leben. Das ist nicht schlimm,
sofern sich die Ratten auf den Güllegraben beschränken und von
Haus und Hof die Finger bzw. die Krallen lassen (das tun sie auch,
weil unsere Hunde schon sehnsüchtig auf sie warten und keinerlei
Pardon kennen).

Die Ratten bleiben also im Graben, davor ist ein sehr, sehr brei-
ter Schilfgürtel, und dann kommt erst unser Garten. Nun gibt es da
unten aber einen verfallenen Schuppen, in dem zum Beispiel unser
Trecker parkt und auch die beiden Aufsitz-Rasenmäher. Anfangs
hatte ich etwas Angst, wenn ich da hinein musste. Würden hier
nicht Ratten sein und mich, in die Enge gedrängt, jeden Moment
angreifen? Man liest ja so viel, und manches davon stimmt vermutlich! Ich zog mir also hohe Stiefel an, streifte die Arbeitshand-
schuhe über und machte eine Menge Lärm, um sie rechtzeitig zu
vertreiben. Warm ist es im Schuppen, da lagern etliche Kubikmeter
Kaminholz, der Boden ist weich und mit Häcksel bedeckt: ideal für
so ein Rattentier! Wo, wenn nicht hier, sollten wir aufeinandertref-
fen – die Ratten und ich?

Bis ich eines Tages das Versteck der Katze entdeckte. Die hatte
ein kleines Loch in den Ziegeln der Außenwand genutzt, war hin-

eingeschlichen und hatte sich auf einen der alten morschen Dachbalken gehockt. Dort oben war es schwarz und duster, schwarz ist auch die Katze, also war sie eigentlich nur an ihren grünen Augen zu erkennen. Dort oben lauerte sie und tat nichts weiter, als den Schuppen zu beobachten. Sie konnte von hier aus den Graben überblicken, den Schilfgürtel, die Hunde und einen Teil des Gartens. Jede heranschleichende Ratte hätte genau in ihrem Blickfeld gelegen. Wie ein Förster auf dem Hochsitz saß sie da oben. Regensicher war das mit Wellblech überdachte Plätzchen auch. Perfekt!

Es muss sich herumgesprochen haben in Rattenkreisen, dass dieser Schuppen eine No-go-area ist. Keine Spuren von Rattenpfoten im weichen Häcksel. Keine Rattenkötel. Offenbar haben die Bisams viel Respekt vor dem schwarzen Teufel mit den grünen Augen da oben auf dem morschen Balken.

Lebe lang, du gute Katze! Hältst nicht nur unser Häuschen mäuse-, sondern auch den finsteren Schuppen rattenfrei! Dafür sei dir unser Dank gewiss. Und wenn ich heute noch erst die Stiefel anziehe und die Handschuhe überstreife, bevor ich diesen unheimlichen Ort betrete, so ist das eine reine Vorsichtsmaßnahme. Denn auch eine Katze kann ja mal was übersehen …

Alles kriegt sie mit,
doch man sieht sie nicht

Wenn sich die Katze erst einmal an draußen gewöhnt hat, wird man sie nur selten sehen. Aber man kann trotzdem sicher sein, dass sie alles mitkriegt.

Sie schaut zu, wenn Besuch kommt. Sie merkt, wenn man verreisen möchte und die Koffer packt. Vermutlich kriegt sie sogar mit, wenn die Hunde ausgeschimpft werden, und lacht dann still in sich hinein. Sie registriert genau, wenn man irgendwo im Garten etwas Leckeres fallen lässt (was wir, aus Gründen der im vorigen Kapitel erwähnten Rattenfrage, sorgfältig zu vermeiden wissen, aber die Hunde vergraben natürlich manchmal ihre Beute und ahnen nicht, dass sie von der Katze dabei beobachtet werden).

Die unsichtbaren Augen der Katze wachen über uns, auch wenn wir schlafen gehen. Wo geht Licht aus? Und wann? In welcher Reihenfolge löschen sie die Lichter? Wo sind sie jetzt gerade? Das kriegt die Katze alles mit. Natürlich ist das zunächst einmal eine gewagt erscheinende unbewiesene Behauptung, aber hin und wieder kann man der Katze nachts zusehen, wie sie sich verhält, und dann kann man es doch beweisen.

Meine Frau zum Beispiel wird von der Katze am meisten geliebt (von mir auch, aber ich zähle nicht). Es ist Mitternacht, ich sitze in der Küche und schreibe an diesem Buch, meine Frau guckt fern, ich kann im Schein der Außenbeleuchtung die Katze beobachten, die sich im Garten herumtreibt und mal hier, mal dort zu sehen ist. Die Katze ist immer da, wo sie meine Frau beobachten kann.

Meine Frau steht auf – die Katze geht auf »hab acht«. Meine Frau löscht das Licht – die Katze macht sich bereit zum Sprung.

Meine Frau geht ins Bad – die Katze sitzt auf dem Badezimmer-Fensterbrett. Meine Frau löscht dort das Licht – die Katze macht sich bereit, um mitzuwandern. Meine Frau kommt zu mir in die Küche – die Katze hockt auf dem Küchenfensterbrett. Meine Frau geht schon mal vor nach oben – die Katze weicht zurück und sucht sich ein Plätzchen, von dem aus sie das Schlafzimmerfenster sehen kann. Meine Frau macht oben die Lichter aus – die Katze geht in die Garage und schläft beruhigt ein.

Ist das nicht irre? Meine Frau hatte weder Leckerlis bereit, noch hat sie die Katze überhaupt beachtet oder gesehen, noch war sie zu riechen, denn die Fenster waren alle zu. Die Katze hat nur auf diesen Schatten geachtet, der zu meiner Frau gehörte. Dem ist sie stundenlang gefolgt. Und als im Schlafzimmer (!) das Licht ausging, da wusste die Katze: So, nun passiert nichts mehr bis morgen früh. Jetzt kann auch ich endlich schlafen gehen. Meine Schicht ist vorbei. Schlaft gut, ihr Menschen – ich tu es auch. Und, ach so, fast vergessen: Ob der Blödel da noch morgens um vier in der Küche sitzt und auf seinem Laptop herumhackt, das geht mir am Arsch vorbei. Für den bin ich nicht zuständig. Ich mache jetzt Feierabend!

Sie hat ihre festen Garten-Rituale

Eine Katze zu sein, das bedeutet: Man lebt nach festen Regeln. Die werden niemals gebrochen. Immer läuft man dieselbe Runde. Immer zu denselben Stellen. Ihr Geschäft würde die Katze nie woanders verrichten als dort, wo sie es schon seit Jahren tut. Katzen sind total genügsam! Es reicht ihnen, wenn sich jeden Tag alles wiederholt. Ja, sie brauchen ihre Rituale sogar und werden recht nervös, wenn sich etwas verändert. Das mögen sie nicht. Katzen sind extrem konservativ. Alles möchten sie bewahren und am liebsten gar nichts daran ändern. Wenn die Katze sprechen könnte, dann würde sie etwas Kluges sagen wie: »Konservativ zu sein, meine Liebe, das bedeutet nicht, die Asche zu beweinen. Sondern konservativ zu sein bedeutet, das Feuer weiterzugeben.«

Aber die Katze *kann* ja sprechen. Auf ihre Weise. Sie kann auch mächtig schimpfen, wenn man ihre Rituale stört. Genauso eine Situation hatte ich erst kürzlich.

Man muss dazu wissen, dass unsere Katze sehr erfreut über unser Hoftor ist, weil sie unter diesem Tor hindurchschlüpfen kann, die Hunde aber nicht. Deshalb reizt sie die Hunde gern zur Weißglut, zeigt ihnen die ausgestreckte Mittelkralle, lässt sie sehr nahe herankommen und verpieselt sich dann in allerletzter Sekunde unters Hoftor.

So weit, so gut. Das ist ein Ritual. Und weil Hunde etwas dümmer sind als Katzen, rasen sie ihr ständig hinterher und staunen dann, wo die Katze geblieben ist. »Und täglich grüßt das Murmeltier.« Jeden Tag wiederholt sich das.

Nun gab es neulich eine geringfügige Veränderung, die aber dramatische Konsequenzen haben sollte. Zu Gast bei uns war eine Familie mit Hund, und weil die netten Leute mal in ein Restaurant gehen wollten, wo keine Hunde erlaubt waren, blieb der liebe kleine Kerl bei uns. Leider stellte sich heraus, dass er einen ziemlich ausgeprägten Fluchttrieb hatte. Er wollte einfach nicht bei uns bleiben, sondern unter dem besagten Hoftor hindurch seinen Menschen hinterherjagen. Das wiederum galt es, mit allen Mitteln zu verhindern.

Ich sah mich deshalb genötigt, den etwa 30 Zentimeter hohen Luftraum zwischen Hoftor und Asphalt mit exakt 74 (ich habe mitgezählt, um meiner Frau zu imponieren), also mit 74 aufgetürmten Pflastersteinen dicht zu machen. Nun konnte nichts mehr passieren. »Du bleibst schön hier. Und da unten kommst du jetzt auch nicht mehr durch. Alles klar?« – so sprach ich zu dem Gasthund, aber an die Katze dachte ich nicht.

Es kam, wie es kommen musste. Wieder einmal provozierte unsere Katze die aus ihrer Sicht verbrecherischen Hunde. Die rasten wie wild hinter ihr her. Die Katze beurteilte die Lage zunächst recht gelassen, zog sich in Richtung Hoftor zurück, drehte sich noch einmal lächelnd um, wollte in letzter Sekunde elegant unter dem Hoftor verschwinden – und stellte fest, was sie nicht wissen konnte und ich nicht beachtet hatte: Das Hoftor war dicht! O shit! Im Nacken der hechelnde Atem dieser widerwärtigen Hunde, und der Fluchtweg versperrt! Das war so nicht geplant.

Ich kann nur ahnen, was in unserer Katze vorgegangen sein muss. Vom Küchenfenster aus sah ich das Drama und sie tat mir wirklich leid, aber ich hatte sie nun mal vergessen und außerdem hätte ich den Fluchtweg auch dann dicht machen müssen, wenn ich sie nicht vergessen hätte. Denn dieser Gasthund war, wie sich später zeigte, wirklich ein Meister im Wegräumen von Pflastersteinen (so dass sich im Laufe der Nacht noch zwei quer gelegte Latten sowie weitere 20 Pflastersteine hinzugesellten, bis er endlich aufgab und sich in sein Schicksal fügte).

Die Katze hat diese unvorhersehbare Situation wahrhaft genial gemeistert. Auch daran kann man sehen, was das für kluge Tiere sind. Da sie nun in die Enge getrieben war, suchte sie sich blitzschnell einen neuen Fluchtweg, raste im Zickzack davon, bretterte durch einige Knicks, erklomm erst einmal einen Baum und guckte von oben stirnrunzelnd den Verbrechern zu, die ebenso wild wie sinnlos am Stamm emporzuspringen versuchten. Als die dann wenig später erschöpft hechelnd einschliefen, war der Hof wieder ihrer. Trotz verstelltem Fluchtweg. Mit mir hat sie allerdings die ganze Nacht kein Wort mehr gesprochen.

Aber diese festen Rituale der Katze beobachtet man auch an Tagen, wo es keinerlei Stress gibt. Ich vermute, dass die Rituale auch mit den Gewohnheiten der Beutetiere zu tun haben. Offenbar nehmen Igel und Mäuse, von uns gar nicht bemerkt, immer dieselben Wege. Diese kleinen Tiere hinterlassen fürs menschliche Auge keine Spuren. Sie drücken kein Gras nieder, man sieht ihre Kötel nicht oder kaum, sie sind eigentlich unsichtbar.

Nur die Katze weiß genau, wo die Schlingel eindringen und wo sie entlanglaufen. Die unsichtbaren Schneisen, die Autobahnen des Kleintierverkehrs zwischen Rosenbeet und Rhabarberpflanzen, zwischen Kirschbaum und Komposthaufen schreiten sie hoch erhobenen Hauptes ab, inspizieren hochnäsig die nur für sie sichtbaren Hinterlassenschaften und winzigen Spuren, schnuppern indigniert an von Mäuse-Urin benetzten Grashalmen und pissen ihrerseits an die Knotenpunkte und Kreisverkehre, um diesen todeswürdigen Unterwesen einen mörderischen Gruß zu hinterlassen:

Freunde des Gartens! Euer Bezwinger war hier, euer Gott, euer Killer, euer Schicksal. Wagt es nicht, mir unter meine grünen Röntgenaugen zu kommen. Ich bin es. Ich. Die Katze. Die Herrin des Gartens, King of the Koppel, Königin der Weide. Ihr hingegen, ihr seid lebensunwürdige Wesen, dem Tode geweiht und blöd sowieso. Ich kriege euch. Ich kriege euch alle. Denn ich – ich bin die Katze.

So spricht sie, und nachdem sie ihre ritualisierte Strecke abge-laufen ist, kehrt sie zufrieden und lässig hoppelnd wie ein kleiner Hund auf ihren Lieblingsplatz zurück. Dort lässt sie sich die Sonne auf den Bauch scheinen. Mannomann, was für ein liebenswertes Tier! Soeben hat sie es mal wieder allen gezeigt.

Immer Sorge, ob sie nach Hause findet

Die Katze ist so vielen Gefahren ausgesetzt, dass man sie eigentlich gar nicht mehr rauslassen möchte. Man liebt sie ja. Und da draußen ist es echt gefährlich. Hier die größten Risiken und was dran ist.

1. *Vom Auto überfahren.* Thema Straßenverkehr. Zwar sind Katzen so schlau, dass sie tatsächlich erst einmal die Lage peilen und danach loslaufen. Aber was ist, wenn eine Maus auf der anderen Straßenseite huscht? Würde dann nicht der Jagdtrieb die angelernte Vorsicht nach hinten drängen? Andererseits gehört es auch zur Katzenliebe, dass man sie laufen lässt. Man muss also von vorneherein mit dem Gedanken leben lernen, dass man die frei laufende Katze eventuell irgendwann einmal verlieren wird. Dass sie also niemals mehr heimkommt.

2. *Katzenklau.* Vorbeirasende Autos sind ja nicht einmal das größte Problem. Seit Jahren halten sich Gerüchte, dass Katzenfänger unterwegs sind. Angeblich stellen sie (Verschwörungstheorie! Nie bewiesen! Und vielleicht trotzdem wahr?) Kästen für die Altkleidersammlung vor die Haustüren, die sie mit Baldrian bestrichen haben, und sacken die Katzen, die sich dort sammeln, ein. Wahlweise heißt es für Tierversuche oder für Fellverwertung. Das mit den Tierversuchen ist unwahrscheinlich, weil kein Labor irgendwelche hergelaufenen Katzen kaufen würde. Da sind die Kriterien, wenn es denn tatsächlich Tierversuche mit Katzen geben sollte, sehr streng. Das mit der Fellverwertung macht eigentlich auch keinen Sinn. Wäre der Aufwand, den die Katzendiebe treiben, nicht viel zu hoch für den zu erwartenden Gewinn?

Dennoch werden manchmal Lieferwagen mit meist osteuropäischen Kennzeichen von der Polizei überprüft, in denen sich verdächtig viele Katzen befinden. Meistens dürfen sie weiterfahren, da die Herkunft der Katzen unbekannt ist. Es ist nicht verboten, mit 20 Katzen auf der Ladefläche durch Deutschland zu fahren.

Tatsache ist auch, dass die Zahl der vermisst gemeldeten Katzen dramatisch ansteigt, wenn irgendwo in einem Dorf diese Kästen für die angebliche Altkleidersammlung vor den Häusern stehen. Also, das ist schon verdächtig. Aber solange der Autor dieses Buches als Reporter in Deutschland unterwegs ist, und das sind immerhin satte 42 Berufsjahre, hat es noch niemals einen einzigen tatsächlichen und ernstzunehmenden Beweis für die Existenz der sogenannten »Katzenmafia« gegeben.

3. *Gefallen im Kampf*. Katzenklau ist auch nicht das größte Problem, dem die frei lebende und frei laufende Katze ausgesetzt ist. Das größte Problem ist wahrscheinlich der Kampf Katze gegen Katze, der oftmals für eine der beteiligten Kämpfer tödlich endet. Das sind in der Natur ganz normale Revierstreitigkeiten, bei denen man durchaus nicht zimperlich miteinander umgeht und schon mal eine Halsschlagader verletzt werden kann. Dass die vermisste Katze also irgendwo verblutet, weil sie sich mit der falschen Katze angelegt hat, ist – nein, nicht zu erwarten, aber doch im Bereich des Möglichen. Wer seine Katze rauslässt, der hat sich das hoffentlich vorher überlegt! Liebe heißt auch loslassen können. Und wenn es passiert? Man wird trauern. Aber sie hatte dann doch hoffentlich ein möglichst langes, unbeschwertes, aufregendes, kämpferisches, mit vielen Feinden und vielen Opfern gepflastertes, jedenfalls artgerechtes Katzenleben. Ruhe sanft, wo immer du ruhen magst!

Jeder von uns kennt diese Geschichten, wo eine Katze viele hundert Kilometer weit läuft, weil sie zu ihren Menschen zurück will. In krassem Gegensatz dazu stehen Geschichten, die dem Autor dieses Buches jeden Tag von seinen Lesern erzählt werden: dass Katzen weglaufen und offenbar nicht mehr nach Hause finden. Wenn es so wäre, dass die Katzen einen eingebauten Kompass haben, der ihnen den Weg zurück weist – sogar, wenn sie mit dem Auto irgendwo hingebracht worden sind –, dann dürfte es diese tragischen Schicksale gar nicht geben. Warum finden manche Katzen den Weg zurück, und andere kommen nie mehr heim? Weil sie tot sind, oder? Wird wohl so sein. Man weiß es nicht. Aber die Liebe zur Katze darf einen nicht dazu verleiten, dass man sie einsperrt.

Die Freude, wenn sie wieder da ist

Nun hat man an tausend Bäume den Steckbrief gepinnt. Da ist das hübscheste Foto der verschwundenen Katze drauf. Die Schlagzeile heißt: »VERMISST!« Oder: »MOHRLE, WO BIST DU?« Oder: »ACHTUNG, KATZENMAFIA!« Dann wird die Katze genau beschrieben, vielleicht setzt man noch eine Belohnung aus und unten hängt zum Abreißen die eigene Telefonnummer. Na, Sie kennen diese verzweifelten Vermisstenmeldungen. Auch im Internet hat man die Katze veröffentlicht. Die örtliche Gratis-Wochenendzeitung nimmt eigentlich alles, also auch diese Fahndungsmeldung. Nichts, nichts, nichts! Die Katze scheint sich in Luft aufgelöst zu haben. Und wenn jemand anruft, dann hat er entweder eine andere Katze gesehen oder will nur die Belohnung. Es ist zum Heulen, und genau das tut man auch. Immer noch wartet der Katzenbaum darauf, dass sie an ihm ihre Krallen schärft. Ihr Futternapf steht auch noch da. Es fehlt so unendlich viel in der Wohnung, selbst wenn sie nur zum Schlafen heimkam. Etwas von ihr blieb doch immer da. War es der Geruch? Der Katzengeist? Ihre unnachahmliche Aura? Oder fehlt uns nur das leise Maunzen und die Gewissheit: Sie hat sich soeben wieder ins Haus geschlichen?

Das Leben ohne Katze ist trist. Nachts schrecken wir aus dem Schlaf hoch: Wir meinen, dass wir sie draußen gehört haben. Alle Parks sind abgeklappert. Tierheime bitten, von weiteren Anrufen abzusehen. Die Polizei zuckt mit den Schultern. Alle Möglichkeiten sind tausendmal durchdiskutiert. Das Schlimmste wird noch ausgeklammert, aber von Tag zu Tag wird aus dem, was man eigentlich nicht wahrhaben möchte, ein bisschen mehr Gewissheit.

Jetzt merken wir erst, wie sehr wir eigentlich an diesem kleinen, sonderbaren, eigenwilligen und nicht zähmbaren Tier gehangen haben und immer noch hängen. Wir schauen uns die Fotos an, die wir von ihr haben. Wir riechen an der Decke, auf der sie so gerne gelegen hat. Es tut uns so leid, dass wir kurz vor ihrem Verschwinden mit ihr geschimpft haben, weil sie irgendeinen Blödsinn angestellt hatte. Wir machen uns Vorwürfe, weil wir nicht genug auf sie aufgepasst haben. Und dann – ein leises Kratzen, ein müdes Miauen, ein Schatten am Fenster –, da ist sie wieder!

Verdreckt, verlaust, verfloht, abgemagert, halb verhungert, verletzt, verfilzt, todmüde. Aber sie ist es. Da gibt es keinen Zweifel. Sie begrüßt uns kurz, so als wäre sie nur mal ums Viereck gelaufen, sie frisst mit Heißhunger ihren Napf leer, sie trinkt und legt sich zufrieden schnurrend schlafen. Sie ahnt nicht, wie sehr wir gelitten haben. Und wenn, dann wäre es ihr egal. Was regst du dich auf, Mensch? Ich bin eine Katze! Ich muss manchmal abhauen. Denn ich gehöre niemandem. Auch dir nicht. Die Katze ist sich selbst genug. Wird sie noch einmal abhauen? Das kann gut sein. Wir Menschen können die Katze nicht ändern. Das Einzige, was wir ändern können, ist – unsere Einstellung zur Katze.

Ihr ganz spezieller eigener Geschmack

Von der toten Maus war in diesem Buch schon die Rede. Dafür lobt man die Katze und entsorgt den stolz vor der Garage abgelegten Kadaver bzw. das, was sie netterweise davon für uns übrig gelassen hat, mit Schaufel, Kehrblech und einem gewissen Ekel. Das ist nun mal so. Aber ins Beuteschema der gesunden draußen lebenden Katze gehört ja nicht nur die Maus, wegen der man die Katze vielleicht sogar in die Familie aufgenommen hat. Da gibt es noch ganz andere Beutetiere, und bei denen fällt einem das Loben manchmal ganz schön schwer.

Man hat vielleicht im Frühling mit Freude beobachtet, wie ein emsiges Schwalbenpärchen den kleinen Absatz zwischen Mauer und Dachpfannen offensichtlich als geeignetes Quartier für den Sommer und die ungefährdete Aufzucht der Nachkommenschaft auserkoren hat. Tagein, tagaus sind die Eltern damit beschäftigt, Strohhalme zu einem imposanten Nest aufzuhäufen und mit geeignetem Material unter dem Dach zu befestigen. Es ist eine Freude, zu sehen, wie sie unermüdlich ackern und zwischendurch dicht aneinandergekuschelt auf der Dachrinne sitzen und ihren begonnenen Hausbau lautstark zu diskutieren scheinen. »Ach, wie süüüüß!« Wenig später werden Eier gelegt und ausgebrütet; jetzt sorgt der Papa für die notwendige Ernährung und magert zusehends ab, weil er sich selber immer zuletzt was gönnt. Man nimmt doch richtig Anteil an dieser niedlichen Schwalbenfamilie und ihrem Wohlergehen!

Die Katze beobachtet das Treiben auch, allerdings aus anderen Motiven. Wunderbar, denkt sie, brütet ihr mal in meinem Revier!

Kriegt Junge! Ich wette, ihr baut auch dieses Jahr wieder zu klein. Mindestens eines wird vorzeitig rausfallen, oder ihr schubst es zu früh von der Kante. Und seid sicher: Ich werde da sein.

Geduldig sitzt die Katze Tag für Tag in der Sonne unter dem Schwalbennest, legt das niedliche Köpfchen schief und scheint sich am Treiben da oben so sehr zu freuen wie wir Menschen. Man sieht ihr den Killerinstinkt echt nicht an: Wie denn auch? Sie wirkt noch nicht einmal besonders angespannt, sondern sie sitzt nur einfach so da und guckt mit kleinen schrägen Augen nach oben. Lalala, ich tu doch nix. Ich will nur spielen, aber selbst das will ich nicht, denn da oben komme ich doch gar nicht ran. Also macht euch keine Sorgen, ihr netten Schwalben! Kriegt man erst mal eure Jungen, und dann sehen wir weiter.

Unten freut sich also die Katze, oben freut sich die Schwalbe, und dazwischen freut sich der Mensch. Denn nun sind tatsächlich Junge da. Sind es vier, fünf, sechs? Wie finden die nur Platz in dem kleinen Nest? (Das fragt sich die Katze auch.) Sie haben einfach immer Hunger. Mama und Papa sind den ganzen Tag damit beschäftigt, Futter anzuschleppen. (Übrigens machen sie mit dem Wurm dasselbe, was die Katze bald mit mindestens einem der Vogeljungen machen wird, aber das beschäftigt uns Menschen nicht unmittelbar; da sind wir irgendwie inkonsequent – vor allem die Frauen unter uns.) Wir Menschen wünschen der jungen Schwalbenfamilie also das Allerbeste, denken über die bevorstehende Reise in den sonnigen Süden nach, würden so gerne mitfliegen und hoffen, dass sich mindestens einer aus der Schwalbenfamilie im nächsten Frühling an diese nette Location erinnern wird und dann seinerseits bei uns zwischen Ziegel und Dachpfannen nistet. Aber was passiert?

Unsere nette Katze, dieses kleine unschuldige Wesen mit dem freundlichen Blick und dem sanften Fell, legt uns im Morgengrauen das erste Schwalbenjunge, das einen Schritt zu viel in Richtung Nestkante gemacht hat, fein säuberlich zerlegt und ohne die leckeren Bestandteile vor die Haustür und erwartet für diese grausame

Missetat auch noch ein kräftiges Lob! Verzweifelt tschilpen die Schwalbeneltern, uns ist auch nicht wohl zumute, aber was kann die Katze dafür? Menschliche Unlogik hat den Konflikt verursacht, den die Katze überhaupt nicht nachvollziehen kann. »Ich warte doch nicht drei Wochen auf meine Beute, nur weil ihr Schwalben niedlich findet«, würde sie sagen. Und für diese Konsequenz müssen wir sie lieben. Auch wenn uns das Herz blutet. Wegen der süßen kleinen Schwalbe.

KAPITEL 3

Die Katze
und ihr schönes Leben
als Stubenhocker

Eine Wohnungskatze ist das Entspannteste überhaupt

Sie ist wohl gerade erst aufgewacht. Sie bleibt noch eine Weile so liegen. Sie hat ja Zeit. Niemand und nichts mahnt sie zur Eile. Sie hebt den Kopf und blinzelt. Sie lässt den Kopf wieder auf die Vorderpfoten sinken. Sie scheint noch einmal einzuschlafen … Aber nein, sie räkelt sich! Dann legt sie sich wieder hin. Irgendetwas scheint sie zu jucken. Oder es hat sich eine Fliege aufs Fell gesetzt. Ein kurzes Zucken nützt offenbar nichts. Vielleicht hilft absolute Ruhe weiter? Man weiß es nicht. Sie versucht es jedenfalls mit Nichtstun. Nach einer Weile, es ist ja vollkommen egal, wie lange die dauert, es tickt keine Uhr, es gibt keinen Stress, nach einer Weile also beschließt die Katze, dass sie sich eventuell vielleicht doch einmal kratzen sollte. Hierzu wäre es gut, so folgert sie nach gründlicher Verarbeitung dieses klugen Gedankens, sich demnächst vorübergehend zu erheben. Doch zunächst einmal schaut sie sich in Ruhe um. Die Inspektion des näheren Umfeldes ergibt, wie zu erwarten war, keinerlei Sensationen. Alles ist wie immer, und alles ist ganz normal. Also räkelt sie sich erneut. Man könnte sich das Barthaar reiben, wenn man ohnehin schon aufgestanden ist. Zuvor jedoch sollte man noch einmal entspannen. Sie schließt also die Augen, und nach einer Zeit, die diesen Namen nicht verdient, weil Zeit etwas Endliches ist und die Katze so unendlich viel davon hat, nach einer Zeit also erhebt sie sich, kratzt sich und beschließt, da sie ohnehin schon wach ist, einen guten Schluck zu nehmen, um danach eine Runde zu schlafen.

Die drinnen lebende Katze kennt keinerlei natürliche Feinde und ist deshalb das entspannteste Wesen unter Gottes weiter

Sonne. Hier allerdings ist eine Zwischenbemerkung unerlässlich.

Es gibt Katzenfreunde, die verstehen überhaupt keinen Spaß und lassen auch keine andere Meinung gelten außer ihrer eigenen. Nicht wahr? Auch Sie kennen solche extremen Tierfreunde, mit denen man sich wirklich nur schwer unterhalten kann! Alles legen sie auf die Goldwaage. Alles wissen sie selbst am besten. Für jede Behauptung haben sie einen vermeintlichen Beweis parat. Gegen diese geradezu sektiererischen und dabei recht oberlehrerhaften Katzenfreunde sind Kleingärtner ein chaotischer Verbund von Anarchisten.[*] Ich erwähne das an dieser Stelle, weil viele Katzenhalter die Behauptung, eine Wohnungskatze sei besonders entspannt, empört zurückweisen werden. Darum fange ich diesen Absatz am besten noch einmal an.

Also: Man kann lange darüber diskutieren, ob eine ausschließlich drinnen lebende Katze artgerecht gehalten wird, aber der oben beschriebenen Katze auf der sonnenbeschienenen warmen Fensterbank fehlt offenbar überhaupt nichts. Vermutlich würde sie sich über die Debatte, ob sie artgerecht gehalten wird, eher lustig machen. Es geht ihr rundherum gut. Man weiß nicht genau, ob sie von Natur aus faul ist oder ob sie das süße Leben erst faul gemacht hat. Jedenfalls vermisst sie nichts, es treibt sie nirgendwohin, sie hat keinen Bock auf Stress und hält unsere Wohnung, auch wenn die nur klein ist, für den Mittelpunkt des Universums. Was sie aus dem Fenster sieht, ist für sie eine fremde Welt. Die schaut sie sich gerne an. Sie schaut sozusagen »Straßen-TV«. Aber da draußen mitmischen käme für sie niemals infrage. »Lasst doch die anderen Mäuse jagen! Meine Welt ist zwischen Bett und Bad, zwischen Flur und Fenster, zwischen Sessel und Sofa, zwischen Klo und Küche. Und ich wette mit euch, dass meine halbwilden Verwandten da draußen nur allzu gern mit mir tauschen würden …«

Die unglaubliche Gelassenheit, die von so einer Katze in der

---

* Beschwerden von Oberlehrern und Kleingärtnern bitte direkt an den Verleger.

Wohnung ausgeht, überträgt sich irgendwie auch auf den Menschen. Es ist zum Beispiel nicht gut möglich, einer Katze vom Stress in der Firma zu erzählen, den man heute hatte. Natürlich kann man das tun, wenn es hilft, und die Katze wird sich auch geduldig anhören, mit was für Idioten man dort zu tun hat. Aber katzengemäß ist es eher, dass man ihr etwas Schönes erzählt. Sie lockt einen geradezu mit ihrer Körpersprache, dass man sich auch entspannen möge. So eine Katze ist Therapie für die aufgewühlte Seele! Sie beruhigt ungemein. Erst mal entspannen, erst mal runterkommen …

Klüger als wir
und Chef in der Wohnung

Der Mensch hat immer einen Grund, sich bei der Katze zu entschuldigen. Denn wenn er den ganzen Tag nicht da war, dringt er doch eigentlich in ihr Revier ein, wenn er nach Hause kommt. Sie ist der Chef in der Wohnung, da gibt es keinen Zweifel!

Der Katze hat ihr Mensch nicht unbedingt gefehlt. Die meiste Zeit hat sie ohnehin gepennt. Den Rest hat sie ein bisschen gespielt, aus dem Fenster geguckt, genascht, ins Katzenklo gemacht und wieder eine Runde gepennt. Nun kommt man nach Hause und verursacht naturgemäß einen ziemlichen Lärm: Man knallt die Einkaufstaschen irgendwohin, schlägt mit Schranktüren, macht den Kühlschrank geräuschvoll auf und zu, will reden, hört Radio, telefoniert, guckt fern, geht duschen und verursacht insgesamt ein Heidenchaos, das die Katze den ganzen Tag überhaupt nicht vermisst hat. Zwar scheint sie sich zu freuen, dass man da ist. Aber es kann natürlich auch sein, dass sie wegen des Lärms total nervös ist und deshalb so aufgeregt um unsere Beine herumstreicht. Auf jeden Fall hat sie das Gefühl, dass Menschen ziemlich hektische Wesen sind.

Es gibt aber noch eine Möglichkeit: dass die Katze nämlich zu wissen glaubt, was für uns Menschen gut ist. Man kann sich das vielleicht ungefähr so vorstellen, wie es zwischen Mensch und Hund abläuft. Der Mensch glaubt zum Beispiel: »Mein Hund hatte heute zu wenig Bewegung.« Also geht er mit dem Hund raus und tobt mit ihm herum. Nun stellen wir uns einmal vor, dass der Mensch den Hund spielt und die Katze spielt den Menschen. Dann glaubt sie: »Mein Mensch hatte heute zu wenig Bewegung.« Also spielt die Katze mit ihrem Menschen. Und der Mensch glaubt, dass sich die Katze ungemein freut, weil er endlich nach Hause gekommen ist und nun ihren eigenen Spieltrieb befriedigen möchte! Dabei ist vielleicht alles andersherum. Man weiß es ja nicht. Spielt der Mensch mit der Katze, oder spielt die Katze mit dem Menschen? Welches Stück ist das Ende des Wollknäuls: Das, nach dem die Katze greift? Oder das, was wir in der Hand halten?

Und wer steht auf einem höheren Entwicklungsniveau: Derjenige, der sich über jeden Sch… aufregt und so tut, als wenn er ewig lebt – aber trotzdem Angst vor dem Ende hat? Oder derjenige, der sich über gar nichts aufregt und das Ende der irdischen Existenz einfach klug ignoriert – und deshalb auch keine Angst davor hat? Auf einem höheren Entwicklungsniveau steht natürlich der Mensch, sagt uns die Vernunft. Nur sind die Maßstäbe, was eigentlich ein höheres Entwicklungsniveau sein soll, eindeutig von Menschen gemacht.

Die Vorfahren der heutigen Katze lebten schon vor circa 60 Millionen Jahren. Die Vorfahren des Menschen hingegen waren erst vor circa 6 Millionen Jahren auf der Erde unterwegs. Es gibt keinen Grund, warum die Katze sich plötzlich nicht mehr weiterentwickelt haben sollte (also in ihrer Entwicklung stehen geblieben wäre). Aber es gibt eine Menge Hinweise darauf, dass der Mensch seit einigen Tausend Generationen nichts wirklich Vernünftiges mehr dazugelernt hat. So würde eine Katze zum Beispiel nichts tun, was das Aussterben ihrer eigenen Rasse dramatisch beschleunigt. Der Mensch hingegen arbeitet fleißig daran, seine eigene Rasse aussterben zu lassen. Zumindest ist es ihm nicht möglich, sein eigenes Aussterben zu verzögern, sondern ein seltsames globales Virus lässt ihn immer nur an seinen eigenen persönlichen kurzfristigen Vorteil denken und versperrt ihm den Blick auf die langfristigen Folgen seines Tuns.[*] Wer befindet sich hier auf einem höheren Entwicklungsniveau?

* Siehe Klimakatastrophe

Aber genug philosophiert. Ganz sicher ist, dass sich die Katze als Chef in der Wohnung *fühlt*. Das merkt man deutlich. Wie selbstverständlich sie die strategisch wichtigen Plätze belegt, von denen sie, gut geschützt, möglichst alles beobachten kann! Wie viel Wert sie darauf legt, dass ihr Lieblingsplatz immer schön sauber gehalten wird! Wie arrogant sie sich benimmt, mit hochgestelltem Schwanz: »Das ist *mein* Revier hier! Du Mensch bist nur geduldet …«

Wir *haben* keine Katzen. Sondern die *Katzen* haben *uns*. Egal, wessen Niveau höher ist.

Ihr Lieblingsplatz

Meistens ist es ein Plätzchen, wo die Sonne drauf scheint. Die kuschelige Sofaecke ist sehr beliebt, natürlich auch das Fensterbrett. Manche Katzen finden es aus verständlichen Gründen in der Küche am gemütlichsten und bleiben für immer da (irgendwas fällt bestimmt runter, da lohnt sich das lange Warten). Oben auf dem Schrank ist es sehr schön, weil man von dort alles gut überschauen kann. Das Bücherregal wird gern genommen, aber viele Katzen sitzen am liebsten *hinter* den Büchern. Auf der Heizung ist es so herrlich warm. Als Fußwärmer kann man sich auf Frauchens Füße legen, muss dort aber weichen, wenn sie aufsteht. Wohl jede Wohnungskatze hat ihren Stammplatz, und wie sehr sie den genießt – das ist schon wieder ein Grund, sie zu lieben!

Es ist auch erstaunlich, wie schnell und zielsicher sich die Katze für einen Platz entscheidet, wenn sie neu in der Wohnung ist. Kurz reingeschaut, einmal jeden Winkel inspiziert, Plätzchen ausgesucht, dageblieben. Und wehe, der Platz gefällt uns nicht! Eine Katze umzuquartieren ist echt schwierig. Sie ist viel zu selbstbewusst, um sich einen Platz vorschreiben zu lassen, und wird immer wieder versuchen, den blöden Menschen zu überlisten. Man bittet sie höflich, das Zimmer zu verlassen. Sie tut's, wenn auch widerstrebend. Man macht die Tür zu, zeigt ihr ein neues Plätzchen, macht dort alles hübsch und glaubt, dass die Katze einverstanden ist. Weit gefehlt! Es kann Tage dauern, bis man die Tür vom verbotenen Zimmer wieder aufmacht – schwupp, ist die Katze drin. Und zwar gleich auf dem Schrank oder unterm Bett, wo man sie nicht mehr sehen kann. Katzen sind unglaublich intelligent. Sie flüchten in solchen Situationen zum Beispiel auch gern hinter einen Schrank, wo sie sich nun wirklich nicht mehr umdrehen können, und bleiben da mucksmäuschenstill, bis die Luft rein ist. Wie sie es dann schaffen, sich aus der misslichen Lage zu befreien, das bleibt ihr Geheimnis: Man sieht ihnen dabei ja nicht zu.

Aber warum muss man eine Katze überhaupt umquartieren? Kann sie nicht schlafen, wo sie will? Sicher kann sie das, aber wir Menschen machen ja Fehler! Es kann zum Beispiel sein, dass sie sich das Gästezimmer aussucht und man hat erst gar nichts dagegen. Die Tür bleibt offen, die Katze kann rein und raus, und alles ist gut. Nur hat man nicht daran gedacht, dass irgendwann tatsächlich Gäste kommen und dass es auch welche gibt, die gar nicht gern mit der Katze in einem Zimmer wohnen. Ach, du Schreck: Schwiegermutter kündigt sich an! Ein typischer Ehe-Dialog: Er: »*Die* schläft garantiert nicht bei der Katze.« Sie (konfliktscheu wie immer): »Wollen wir ihr dann unser Schlafzimmer geben und wir ziehen ins Gästezimmer?« Er: »So weit kommt das noch. Die denkt am Ende, wir lassen uns von der Katze tyrannisieren!« Sie (seufzt, denn wieder mal bleibt es an ihr hängen): »Na gut, ich lass sie umziehen. Hoffentlich begreift sie das …« Wie die Sache ausgeht, ist klar: Katze wird zwangsversetzt, Gästezimmertür bleibt zu, und Schwiegermutter wacht morgens auf, weil ihr die Barthaare im Gesicht kitzeln. Es sind die Barthaare der Katze. Denn irgendwann war die Tür vom Gästezimmer natürlich nicht zu …

Sie bleibt auch mal allein zu Haus

Übrigens ist das einer der Hauptgründe, warum viele Menschen gern mit Katzen leben. Man kann das für traurig halten, aber es entspricht der Wahrheit. Viele würden lieber einen Hund haben, scheuen aber die Mühe. Katzen sind ja ungleich pflegeleichter. Gib der Katze was zu fressen und zu trinken und ein schönes Katzenklo, und sie bleibt lässig 12, ja 24 Stunden allein. Umso mehr freut sie sich dann, wenn man wieder nach Hause kommt.

»Ich hätte gerne einen Hund, aber der ist mir zu pflegeintensiv, und deshalb hole ich mir eine Katze«? Ein ganz schlechtes Argument, das irgendwie kaltherzig klingt. Andererseits muss aber jeder Katzenfreund zugeben, dass er genau diese Pflegeleichtigkeit der Katze durchaus zu schätzen weiß, wenn er zum Beispiel in Flensburg wohnt und die Schwester heiratet in Garmisch. Der Hundefreund gibt seinen Liebling für teures Geld in der Pension ab oder bettelt bei Oma, dass sie ihn nimmt. Aber Oma will auch mit zur Hochzeit.

Der Katzenfreund hingegen spricht zu seinem Liebling wie Damon zu Dionys, dem Tyrannen: »Ich flehe dich um drei Tage Zeit, bis ich die Schwester dem Gatten gefreit!«[*] Wie's weitergeht, müsste man umdichten. Damon spricht ja weiter (Sie haben das hoffentlich irgendwann mal in der Schule auswendig lernen müssen): »Ich lasse den Freund dir als Bürgen, ihn magst du, entrinn' ich, erwürgen.« Das passt natürlich nicht, denn Katzen haben noch nie jemanden erwürgt, aber das hier vielleicht: »Für dich sei alles in Butter. Der Nachbar bringt dir dein Futter.« Oder so ähnlich – die Katze wird's

---

[*] Friedrich Schiller, »Die Bürgschaft«

gnädig gestatten (ganz so wie Dionys, der Tyrann, der den verhafteten Attentäter Damon ja auch zu Schwesterchens Hochzeit reisen ließ).

Es ist also eine Freude und macht sehr unabhängig, dass die Katze so lange allein bleiben kann. Der Hund jault und will nachts noch mal raus, weil er muss. Die Katze hat schon längst bedächtig in ihr Katzenklo gemacht und sogar hinterher alles gesäubert bzw. geruchsneutral abgedeckt. Das ist doch wunderbar und gar kein Grund, warum man als Mensch ein schlechtes Gewissen haben sollte! Fische im Aquarium, so wirft ein missmutiger Zeitgenosse an dieser Stelle ein, seien ebenso pflegeleicht wie Katzen. Na ja: Aber Fische schmusen nicht so gern, oder? Auch Meerschweinchen wirken auf Außenstehende eher gefühlsneutral. Nein, nein: Es geht nichts über die Katze, wenn man auch mal eine Nacht länger ausbleiben möchte.

Auf wie vielen Partys habe ich schon gehört: »Komm Schatz, trink aus – der Hund muss noch mal raus«? Denselben Satz mit einer Katze hörte ich noch nie. Und Berufstätige erst! »Ich kann keinen Hund haben, weil wohin soll ich mit dem tagsüber?« Da ist die Katze ideal. Sie geht ja ihrer eigenen Berufstätigkeit nach, dem aktiven Nichtstun.

Die Indoor-Katze, wie man den Stubenhocker neudeutsch nennen könnte, verhält sich ganztägig und ganzjährig so, wie sich der Mensch nur im Urlaub verhält. Wenn sie etwas unternimmt, dann dient es weder dem Lebensunterhalt noch der Körperertüchtigung, sondern sie unternimmt etwas aus Selbstzweck. Sie wechselt zum Beispiel vom Sofa aufs Fensterbrett und schaut hinaus. Das tut der Mensch im Urlaub auch, wenn er einen Aussichtssturm erklimmt oder einen Berg raufsteigt. Er tut es nur, um runterzugucken. Ebenso gut könnte er unten bleiben und das, was er von oben nur klein sieht, von unten aus der Nähe betrachten, aber er steigt rauf und guckt runter und empfindet das als Entspannung. Gerade die Sinnlosigkeit des Tuns ist für uns Menschen die Definition von purem Luxus, denn während wir arbeiten (also uns für den

Lebensunterhalt abrackern) oder ins Fitnessstudio gehen (also der Körperertüchtigung frönen), sehen wir uns unter Zwang, und Zwang ist für uns das Gegenteil von Luxus. Wir schwimmen zum Beispiel im Pool. Das tun wir nicht, um von A nach B zu gelangen und dort etwas zu erledigen. Wir tun es nur, um anschließend wieder zurückzuschwimmen. Etwas Sinnloseres – und etwas Luxuriöseres – gibt es nicht!

Die Indoor-Katze ist, so betrachtet, ein Luxustier. Sie lebt 24 Stunden am Tag und 365 Tage im Jahr nur zum Vergnügen. Oder glauben Sie, dass der Wechsel vom Sofa auf die Fensterbank in Erwartung einer dort eventuell spielenden Maus vorgenommen wird? Mitnichten.

Man muss sich niemals um sie sorgen

Vorausgesetzt, man hält die Fenster geschlossen, stimmt das durchaus, und es unterscheidet den Wohnungskatzenhalter vom Gartenkatzenhalter (der Bauernhofkatzenhalter wiederum pflegt sich um seine Katze sowieso niemals zu sorgen). Nein, es stimmt schon: Der ängstlichste Katzenhalter ist der mit dem Garten, wo die Katze zwar raus darf, aber im Grunde doch eine Wohnungskatze ist. Das süße Leben drinnen macht sie nämlich etwas leichtsinnig für das etwas härtere Leben draußen, und sie ist nun mal keine richtige Feldkatze.

Bei uns auf der Nordseeinsel gibt es jede Menge Katzen, die den ganzen Tag durch die Feldmark streifen und natürlich auch feuerspuckende Trecker und viel zu schnelle Touristenautos kennen. Sie hocken sich ins Gras und gucken sorgfältig nach links und rechts, bevor sie die Straße überqueren. Tote Katzen (im Plural) habe ich dort noch nie gesehen. Nur eine einzige, die wohl geistesabwesend gewesen sein mag oder auf Mäusejagd, als sie ein Treckerreifen plattmachte. So was kommt vor und ist unter Landbewohnern nur ein kurzfristig so empfundenes Drama. Oben an der See sind die Katzen gerissen und frei, es sind Desperados, Rattenjäger, vielnarbig, stacheldrahterprobt, alle sind schon mal fast ertrunken, viele kennen den Stromschlag der Schafkoppel, nur die Besten kommen durch und vermehren sich ungezügelt, was der soliden Auslese dienlich ist. Sesselpupsende Katzen haben auf so einer Insel keine Chance. Aber zurück zur Wohnungskatze, die quasi niemals rauskommt.

Um die muss man sich gar nicht sorgen. Wenn sie mal verschwunden ist, dann hockt sie vermutlich im Ehebett und hat sich die Decke über die Ohren gezogen. Das kann die Katze sehr gut! Man glaubt es nicht. Sie ist imstande, sich hinzulegen und mit den Tatzen die Decke zu greifen, sie über sich zu ziehen wie einen Baldachin und sich absolut unsichtbar darin zu verstecken. Will man abends ins Bett und schüttelt noch mal die Decke auf, guckt sie einen entrüstet an und springt davon. Dabei dachte man, sie sei unterm Schrank oder im Bücherregal!

Auch sonst muss man sich um die Wohnungskatze keinerlei Gedanken machen. Sie ist natürlich geschützt gegen alle Gefahren, die von Katzenmafia, Straßenverkehr, gierigen Raubvögeln und ausgelegtem Gift ausgehen. Sie kommt ja nicht raus. Sie hat ihren Frieden. Endgültig und für immer.

Nur sollte man nicht auf die Idee kommen, eine Wohnungskatze plötzlich mal auszuwildern. Das geht nicht lange gut, wie der Autor aus vielen Interviews weiß. »Sie lebte fünf Jahre bei uns zu Hause in der Mietwohnung und jetzt haben wir einen Schrebergarten, da kann sie so schön frei herumlaufen.« – Shit!

Man kann es natürlich versuchen. Aber vermutlich kann man sich auch gleich von der Katze verabschieden. Denn sie ist es einfach nicht mehr gewohnt, draußen zu bestehen. Da lauern Gefahren, denen sie überhaupt nicht mehr gewachsen ist. Sie können sich das ungefähr so vorstellen, als wenn ein Kind erfolgreich auf der Hamburger Alster in einem kleinen Opti segelt und Sie setzen es plötzlich auf einen Zweimaster und lassen es allein den Atlantik überqueren.

Leichtsinnig wäre das, oder? Genauso verloren ist die Wohnungskatze, wenn sie plötzlich raus darf (auch wenn es sich nur um 100 Quadratmeter handelt und keine osteuropäische Katzenmafia vor der Laubentür lauert). Einmal Wohnungskatze, immer Wohnungskatze.

Es gibt aber doch eine Möglichkeit. Schließlich möchten Sie ja vielleicht Ihr Leben ändern: Nun haben Sie endlich ein Haus mit Garten. Nun kann die Katze endlich mal raus. Und Sie möchten es ihr auch ermöglichen. Okay: Jetzt müssen Sie Ihr Verhältnis zur Katze ändern. Sie müssen quasi »loslassen«. Das ist nicht leicht. Aber es ist notwendig. Machen Sie sich mit dem Gedanken vertraut, dass Sie Ihre Katze eventuell verlieren werden. Sagen Sie einfach »tschüs« oder »servus« zu ihr. Sorgen Sie dafür, dass auch alle anderen menschlichen Familienmitglieder diese Einstellung teilen. Ab sofort entscheiden nicht mehr Sie, sondern Ihre Katze. Möchte sie wirklich bei Ihnen leben oder wird sie die ungezügelte Freiheit bevorzugen? Will sie zurückkommen oder hat sie nur auf die Chance zum Weglaufen gewartet? Es darf dann aber auch keine Tränen geben, wenn die Katze die Freiheit wählt ...

Sie ist ganz gern mal allein

Das kann man natürlich nur vermuten! Man ist ja nicht da. Das schlechte Gewissen plagt einen jeden Morgen, das geht so über Jahre und Jahrzehnte, verfolgt einen bei jeder Katze, ganz egal, wie viele man hat. Dreht sich der Schlüssel im Schloss um und ist die Katze auf der anderen Seite der Haustür, so hat der Mensch automatisch ein schlechtes Gewissen. Dabei muss das möglicherweise gar nicht so sein.

Es gibt Aufzeichnungen von Webcams, die Katzenhalter beruhigen können. Denn was macht die Katze, während ihr Mensch in Richtung Garage oder U-Bahn geht? Etwas beleidigt scheint sie zu sein, dreht sich noch einmal zur Wohnungstür um, stellt fest, dass von dort nichts mehr kommt, konzentriert sich nach vorn, schleicht durch die Zimmer, schnüffelt hier, guckt dort, scheint zu überlegen, entschließt sich zum Schönheitsschlaf, trinkt vorher noch einen Schluck aus dem Trinknapf, begibt sich dann an ihren Lieblingsplatz, streckt die Glieder und realisiert langsam, dass sie nun »King of the Koppel« ist. Das scheint ihr zu gefallen. Nun hat sie richtig Zeit. Sie beschließt, nichts zu überstürzen. Sie schläft erst einmal eine Runde und wird dann entscheiden, ob sie sich zwecks Straßen-TV aufs Fensterbrett oder zwecks Wohnungs-TV auf den Kleiderschrank setzt. Von dort guckt sie runter und denkt nach.

Die Katze gestaltet ihr Leben nicht, sondern sie lässt das Leben geschehen. Vermutlich sind zwölf Stunden für sie so, wie eine Stunde für uns ist. Und eine einzige Minute kann ihr unter Umständen so lang vorkommen wie ein ganzer Tag für uns ist – wenn sie zum Beispiel gezwungen ist, diese Minute taten- und regungslos vor einem Mauseloch zu hocken. Kein Zeitgefühl, keine Eile, keine Langeweile, kein Leistungsdruck, kein Stress, kein Chef, kein selbstgestecktes hehres Ziel, nix zu tun, aber selbst das wird nicht realisiert, denn es ist gleichgültig. Sie werden sich niemals in eine Katze hineinversetzen können, aber versuchen Sie es mal so: Allein auf einer Insel, die Hütte ist gebaut, das Essen hängt am Baum, das Wasser sprudelt aus dem klaren Bergbach, der Himmel ist blau, das Meer spült hin und wieder ein Fässchen feinsten Whiskys an, zufällig haben Sie ein gutes Buch dabei, und Sie wissen genau, dass dies Ihr neues Leben ist. Was tun Sie nun? Genau: nix. So ungefähr fühlt sich Ihre Wohnungskatze, wenn Sie im Büro sitzen und kummervoll überlegen, wie es ihr wohl ergeht so ganz alleine.

Wir Menschen machen oft den Fehler, dass wir unsere eigenen Gefühle zu direkt auf die Katze übertragen.[*] »Einsamkeit.« »Freude.« »Wut.« »Antipathie.« »Heimweh.« »Sehnsucht.« »Trauer.« »Liebe.« »Glück.« Das eine oder andere davon mag die Katze tatsächlich empfinden, aber das meiste interpretieren wir in sie hinein, und wissen tut sie von keinem einzigen Gefühl etwas, woraufhin sich sofort die fast schon philosophische Frage anschließt: Existiert ein Gefühl überhaupt, wenn es einer Kreatur nicht bewusst ist?

Natürlich werden Sie spontan mit Ja antworten, aber was halten Sie von diesem Gegenbeispiel: Ein Mensch fühlt sich nicht einsam, aber die anderen Menschen behaupten, dass er einsam sei. Ein zweiter Mensch freut sich nicht, aber die anderen Menschen behaupten, dass er sich freue. Ist der erste einsam? Freut sich der zweite? Da würden Sie doch wahrscheinlich mit Nein antworten. Demnach existiert ein Gefühl eben doch erst dann, wenn man es als solches wahrnimmt.

Ist im Grunde aber auch egal. Die Katze jedenfalls ist zwar gern mit uns Menschen zusammen. Aber sie ist wohl auch ganz froh, wenn sie mal ihre Ruhe hat. Vielleicht können wir uns ja darauf einigen.

---

[*] Dieser Fehler findet sich an so mancher Stelle auch in diesem Buch. Sie werden dem Autor diese schriftstellerische Freiheit verzeihen, oder?

Wie zärtlich und liebevoll sie einen abends begrüßt

Was für eine Aufregung! Vergessen wir nun die skeptischen Vorbehalte aus dem vorigen Kapitel und stellen einfach fest: Die Katze ist unglaublich glücklich, wenn man abends von der Arbeit nach Hause kommt. Natürlich hat sie einen schon längst gehört bzw. gespürt. Sie fühlt das irgendwie. Man kann das nicht nur auf geschärfte (messbare) Sinne wie zum Beispiel ein besonders gut geschultes Gehör zurückführen. Dafür gibt es genug Gegenbeispiele: Ein bestimmtes Motorengeräusch könnte die Katze ja noch eventuell unter den vielen anderen herausfiltern, aber sie spürt einen ja auch dann kommen, wenn man an der letzten Straßenecke aus dem Bus gestiegen ist. (Dann hat sie eben die Schritte auf der Treppe erkannt, sagt der Skeptiker.)

Nein, das allein reicht auch nicht als Erklärung aus. Ich würde so weit gehen, zu behaupten, dass es zwischen Katze und Mensch eine stark ausgeprägte mentale Verbindung gibt, und dass diese bei der Katze erheblich ausgeprägter ist als bei uns. Vielleicht, weil die Zivilisation unsere natürlichen Instinkte zurückgedrängt hat. Ich glaube, dass die Katze es über jede Distanz hinweg spürt, wenn ihr Mensch ein ernsthaftes Problem hat. Ich glaube, dass es ein unsichtbares Band zwischen Katze und Mensch gibt. Übrigens gibt es dieses Band zwischen Menschen, die sich lieben, auch. Allerdings in erheblich abgemildeter Form, wie man vermuten darf.

Meiner Frau und mir passiert es zum Beispiel circa zweimal pro Woche, und das seit mehreren Jahren, dass wir uns genau in derselben Minute eine SMS schicken. Das ist auf den ersten Blick lustig. Man hat mehrere Stunden nichts voneinander gehört. Dann hat man das Bedürfnis, der eigenen Frau eine SMS zu schicken und schreibt zum Beispiel: »Sitze gemütlich in der Sonne und trinke einen Kaffee.« Im gleichen Moment kommt die Antwort: »Na, Schatz, ist alles gut bei dir?«, was nicht passt, denn man hat ja gerade gesimst, dass es einem gut geht. Außerdem kam diese vermeintliche Antwort-SMS schneller, als man eigentlich tippen kann.

Da ist die eigene SMS in dem Moment angekommen, als die andere gerade unterwegs war. (Alles Zufall, sagt der Skeptiker.) Man ist selbst auch versucht, diese Merkwürdigkeit aufs Konto Zufall abzubuchen. Aber was, wenn das ständig passiert? Meine Frau und ich simsen uns inzwischen schon den Running Gag »Wir haben es wieder getan«, und das bedeutet: Schon wieder haben wir nach einigen Stunden, wo wir gar nichts voneinander hörten, uns gegenseitig eine SMS in genau derselben Minute geschickt.

Nun schreibe ich ja ein Buch über Mensch und Katze und keins über meine Frau und mich, obwohl das wahrscheinlich auch noch mal ein Bestseller wäre, aber es ist doch so: Wenn zwischen mir und meiner Frau schon eine derart enge mentale Verbindung besteht – wie stark mag die dann erst zwischen unserer Katze und meiner Frau sein? Denn die Katze (mich mag sie ja nicht so) hat garantiert ein sensibleres Gemüt und feinere Antennen als ich, der zivilisatorisch überzüchtete, emotional suboptimal ausgestattete, gefühlsmäßige Trabi auf der Autobahn der zwischenkreatürlichen Schwingungen.

Ach je, hab ich das jetzt fein formuliert. Ich möchte es gern wiederholen, wenn Sie gestatten: »Zivilisatorisch überzüchteter, emotional suboptimal ausgestatteter, gefühlsmäßiger Trabi auf der Autobahn der zwischenkreatürlichen Schwingungen«? Na, super. Die Katze lacht sich übrigens gerade schlapp und sagt: »Ja, so isses, alter Mann!«

Niemals mehr allein

Wie viele Menschen – vor allem ältere – mag es wohl geben, die ohne ihre Katze überhaupt niemanden mehr hätten? Stellen Sie sich einmal vor, wie das eines Tages enden kann: Der Mann oder die Frau ist längst gestorben, keine Kinder in erreichbarer Nähe, anonyme Nachbarn, eine Miniwohnung im 18. Stock, Fahrstuhl ständig kaputt, jede Stufe fällt schwer und es gibt definitiv niemanden, der mit Ihnen spricht. Außer der Kassiererin bei Aldi, wenn sie den Endpreis ansagt. Sie schleppen sich alle drei Tage in den Laden und zurück und einmal die Woche schleppen Sie sich ans Grab, aber da spricht nur der Wind. Das ist Ihr Leben.

Das ist kein Leben.

Doch Sie haben ja noch diese Katze. Munter ist sie, fröhlich und stets gut gelaunt. Sie schnurrt, sie sagt, was sie will, sie tröstet und schmust, sie möchte spielen und Liebe bekommen. Frech ist sie auch und für jeden Leckerbissen dankbar. Was glauben Sie wohl, wie schnell diese Katze für Sie das wichtigste Wesen auf der ganzen Welt wird! Mehr noch. Diese Katze wird Ihr Lebenselixier. Sie stehen morgens auf, weil die Katze Hunger hat. Sie bewegen sich, weil die Katze irgendwo nach Ihnen ruft. Sie lächeln, weil die Katze Sie zum Lächeln bringt. Sie sprechen mit ihr, weil sie Ansprache braucht. Solange diese Katze da ist, werden Sie nicht aufgeben. Stirbt die Katze, wird auch Ihre Lebenskerze flackern.

Die Katze als letzten Freund im Alter (und ja nicht nur im Alter, denn es gibt auch jüngere Menschen, die sich schwertun mit sozialen Kontakten und die außer ihrer Katze nicht so viele Ansprechpartner haben): Soll man das eigentlich gutheißen? Sollte man die

Katze nicht in den nächsten Park scheuchen, auf dass sie wieder artgerecht Mäuse fangen möge, und sollte man die Rentnerin nicht in die Seniorengruppe vom Kirchenkreis scheuchen, auf dass sie dort zwischenmenschliche Kontakte knüpfen möge? Und gilt das nicht für jüngere Menschen mit ihrer Katzenmanie noch viel mehr?

Ja klar; wenn Sie diesen Standpunkt vertreten, dann haben Sie gar nicht so unrecht. Nur kümmern Sie sich wahrscheinlich nicht um die Oma aus dem 18. Stock, und den etwas verschrobenen Katzenfan jüngeren Jahrgangs werden Sie nicht unbedingt adoptieren wollen. Es gibt vermutlich Millionen Menschen am Rande der Gesellschaft, um die sich überhaupt niemand kümmert. Und ist es nicht schön, dass sich wenigstens die Katze um sie kümmert?

Die Katze als soziale Funktion, als stabile Instanz im orientierungs- und weitgehend sinnentleerten Leben des Menschen, der alles verloren oder alle Stege zu den Mitmenschen gekappt hat, die Katze als verlässliche Partnerin auf den vielen kleinen, trostlosen sozialen Inseln, die der Strom unserer viel zu schnell dahintreibenden Gesellschaft bei seinem Landfraß zurücklässt – diese wichtige soziale Funktion haben Sie bei Ihren moralisch vollkommen korrekten Überlegungen wahrscheinlich vergessen.

Ich würde sogar so weit gehen, dass man jedem verurteilten Straftäter eine Katze zuweisen sollte, die er in der Zelle halten und um die er sich kümmern muss. Ich bin fest davon überzeugt, dass die Kriminalität innerhalb der Knastmauern und die Rückfallquote nach der Entlassung drastisch sinken würden.

Katzen in den Knast? Leben hinter Gittern mit den wenigen Sonnenstrahlen, die durch die viel zu hohen Fenster fallen? Schreien Sie auf, halten Sie das ruhig für Tierquälerei. Aber was ist mit der Katze im 18. Stock? Lebt die nicht auch in einem Knast? Irgendwie schon, oder?

Sie spricht so schön mit uns

Der Mensch ist so gestrickt, dass er eigentlich gar keinen braucht, der ihm antwortet. Der Mensch möchte sich nur mitteilen. Hat der Mensch überhaupt niemanden, dem er was erzählen kann, so verfällt er in eine depressive Phase und wird sonderbar. Der Mensch mit der Katze hat Glück. Denn die Katze hört nicht nur zu. Sie antwortet auch. Und zwar so dramatisch deutlich, dass man es manchmal kaum fassen kann. Die Katze benimmt sich wirklich so, als wenn sie einen versteht. Und sie spricht mehr als so mancher Mann.

Warum das so ist, kann man natürlich schnell entzaubern: Die Katze reagiert nicht auf den *Inhalt* von gesprochenen Sätzen, sondern auf deren *Tonfall*. Deshalb scheint es so zu sein, dass sie immer derselben Meinung wie man selber ist. Sie hört Aggressivität und reagiert aggressiv, sie hört zärtliche Töne und meint, es sei zum Schmusen Zeit, sie hört eine Aufbruchsstimmung und bewegt sich dieser Stimmung gemäß. Aber es ist so wunderbar, steif und fest zu behaupten, sie habe einen wirklich verstanden.

Ich treffe des Nachbarn Katze auf der Straße. Sie wartet geduldig, bis ihre Menschen nach Hause kommen, denn lange kann das nun nicht mehr dauern. Das sagt ihr die innere Uhr.

Ich: »Na, Katze? Wartest du auf deine Leute?«

Die Katze hört den leicht mitleidigen Ton. Sie schaut mich mit schräg gestelltem Köpfchen von unten an, reckt sich, scheint zu nicken und sagt langgezogen: »Miauuuuu!« Das heißt natürlich aus Menschensicht: »Jaaa, wann kommen die denn endlich?«

Ich: »Bestimmt kommen die jetzt bald.«

Die Katze hört den recht forsch vorgetragenen tröstlichen Ton und reagiert genauso. Sie scheint wieder zu nicken, entspannt sich und sagt kurz: »Mau.« Das heißt natürlich aus Menschensicht: »Na gut, danke.«

Ich: »Mir geht es heute ganz, ganz schlecht! Ich leide ja sooo unter dem Wetter!«

Die Katze hört den jammernden Unterton und reagiert genauso. Sie schaut weit hinaus in die Ferne, schmeißt sich auf den Rücken und macht: »Mauuuuuu.« Das heißt natürlich aus Menschensicht: »Das tut mir aber leid.«

Ich: »Aber nachher kommt ein Gewitter und dann geht's wieder.«

Die Katze hört den fröhlich-optimistischen Unterton und reagiert genauso: Sie schüttelt sich, verschwindet und wirft mir über den Rücken noch ein kurzes »Miau« zu. Das heißt natürlich aus Menschensicht: »Alles klar, ich geh dann mal.«

Sehen Sie, wir hatten hier gerade einen total entspannten Dialog zwischen Mensch und Katze! Die hat mich doch echt *verstanden,* oder? So, wie sie reagiert hat. Mit der Modulation der Stimme, mit der Körpersprache, mit Ohren, Kopf, Schwanz und allem. Ist mir doch egal, ob die Katze in Wahrheit nur auf meinen *Tonfall* reagiert hat. Für mich hat sie mit mir *gesprochen.*

In der Wohnung wird sie steinalt

Was lauern da draußen auf der Straße für Gefahren! Autos sind noch das geringste Übel. So eine Katze hat es nicht leicht. Sie kann entführt und zu Pharmazwecken missbraucht werden; man liest ja so viel. Ein Katzenhasser könnte vergiftete Köder auslegen. Oder Katzenfutter mit Rasierklingen drin. Jemand, der keine Katze hat, könnte sie zu sich nehmen. Es gibt auch Raubvögel, die sich Katzen greifen. Ratten lauern an jeder wilden Müllhalde, wobei da noch die Frage ist, wer wen killt. Die Katze könnte auch in das Revier einer anderen Katze eindringen, und dann könnte es einen Kampf auf Leben und Tod geben.

So einen Kampf konnte ich mal beobachten. Ein wilder Kater, straßenkampferprobt, traf auf eine recht gepflegt wirkende, offenbar irgendwo entwichene Katze und jagte sie mit affenartiger Geschwindigkeit durch einige Gärten. Ich konnte das ganz gut sehen und hoffte insgeheim, dass die kleine Katze dem Halbwilden entkommen würde. Er schaffte es mehrfach, sie zu packen und ging wirklich nicht zimperlich mit ihr um – ich war der Meinung, dass er sie ernsthaft töten wollte. Aber einige Male schaffte die kleine Katze es, sich zu befreien und davonzurennen. Dabei schrien und kreischten die beiden derart bedrohlich, dass ich sie – wenn ich sie aus den Augen verlor – immer wieder irgendwo entdeckte, ohne allerdings eingreifen zu können, denn ich stand auf einer Brücke, und das Drama geschah in den Gärten unter mir am Rande eines Bahndamms.

Irgendwann war nur noch der wilde Kater zu hören. Und es war ein anderes Geräusch. Das war keine Jagd mehr. Das war Verzweiflung. Ich wusste erst nicht, wo er war, und suchte mir einen neuen Standort. Dann entdeckte ich ihn. Die kleine Katze lag leblos im Schotter des Bahndamms. Der wilde Kater hockte davor, heulte, jammerte und schrie, dass mir fast das Herz zerbrach. Immer wieder stupste er die kleine Katze an. Aber sie bewegte sich nicht mehr. Tja, dachte ich traurig, grausame und doch so widersprüchliche Natur. Da hat der Kater die Katze gekillt. Und jetzt, wo sie tot ist, weint er um sie. So war es wirklich! Nie sah ich einen verzweifelteren Kater als diesen. Ich weiß es noch genau: Er war gelb-braun getigert, ein Riese von Kater, athletisch und muskulös.

Was sollte ich nun tun, ich als Mensch, der den Tatort nicht erreichen konnte? Ich stand so da mit meinem Handy und überlegte, ob eine tote kleine Katze auf einem Bahndamm wohl ein Fall für die Polizei sei, als der Kater sich widerstrebend entfernte. Immer wieder sah er sich heulend und jammernd um. Aber er hatte offenbar begriffen, dass hier nichts mehr zu machen war. Am Ende schlich er sich mit eingezogenem Schwanz davon und verschwand irgendwo in den Gärten. Ich stand immer noch da und wusste nicht so recht, was ich nun machen sollte, als die kleine Katze plötzlich das Köpfchen hob, aufstand, sich unwillig schüttelte und geruhsamen Schrittes das Weite suchte. Klarer Fall von scheintot, oder?

Bis heute habe ich nicht begriffen, wieso der dämliche Kater diesen uralten Trick nicht durchschaut hat. Andererseits war ich ja auch auf die kleine Katze hereingefallen und hatte sie für mausetot gehalten. Was ich aber eigentlich sagen wollte, war: Drinnen lebt die Katze wirklich gemütlicher als draußen und kann steinalt werden. Man darf sie nur nicht zu liebevoll füttern. Denn sonst stirbt sie an Verfettung.

Und sie ist schön wie ein Gemälde

Es gibt nichts Schöneres als eine Katze im sonnendurchfluteten Wohnzimmer auf dem von blühenden Blumen umrankten Fensterbrett, die ganz still dasitzt und nachdenklich auf die Straße hinausschaut. Sie kommt dem Besucher wie eine Statue vor, wie Nippes, wie eine Figur aus Porzellan. Oder die Katze liegt zusammengerollt auf der Rückenlehne vom Sofa unter dem schönen alten Gemälde mit den rauschenden Nordseewellen bzw. der Sonnenblumenlandschaft oder den Alpenhöhen mit dem röhrenden Hirsch. Sie scheint ein Teil des Gemäldes zu sein. Man weiß nicht genau, ob sie real ist. Sie stellt ihr eigenes Bildnis dar, ist Abbild ihrer selbst: schöner, als jeder Maler das hinkriegen würde.

Die Katze hat der liebe Gott wahrscheinlich ganz am Schluss geschaffen, also ungefähr am fünften Tag, knapp vor dem Menschen. Das wurde ja in einem anderen Kapitel dieses Buches bereits vermutet. Oder er hat sie am sechsten geschaffen, weil ihm der Mensch am fünften nicht so gut gelungen war, und die Chronisten haben das hinterher umgeschrieben. Ja, das ist sogar wahrscheinlicher! Man sollte wirklich nicht alles glauben, was in der Bibel steht. Die eine oder andere Kleinigkeit werden sie in dieser gigantischsten PR-Schrift aller Zeiten schon mal verfälscht haben, oder? Kann gut sein, dass die Katze wirklich die Krönung der Schöpfung war und der liebe Gott heute noch stolz drauf ist, was für ein elegantes Wesen er da hingekriegt hat. Da muss man dann natürlich die Großkatzen mit reinnehmen, denn er wird die Hauskatze ja nicht extra erschaffen haben. Sondern er hat wahrscheinlich den Löwen und den Tiger im Sinn gehabt. Den Leoparden vielleicht noch, und den Luchs. Auch alles äußerst elegante Katzentiere, allerdings mit einem etwas mörderischeren Hunger als unser kleiner Stubentiger daheim. Tatsache ist, dass eine Katze aus jedem Wohnzimmer einen Salon macht, aus jeder Ein-Zimmer-Wohnung einen Palast, aus jedem Plattenbau ein Schloss und aus jeder notdürftigen Schlafecke ein luxuriöses Himmelbett. Zwar ist es nicht der Sinn eines Haustieres, dass es unsere bescheidene Hütte verschönert. Aber was tun, wenn es nun mal so ist? Warum sich nicht einfach über dieses wunderschöne Bild freuen und nicht weiter grübeln?

KAPITEL 4

Die Katze und ihre unglaubliche Sauberkeit

Wie niedlich sie sich putzt

Wie vollkommen ist doch die Katze, und wie unvollkommen sind wir Menschen. Das Schönste an der Katze ist ihre Reinlichkeit. Darum widmen wir der ein ganzes Kapitel in diesem Eine-Liebeserklärung-an-alle-Katzen-Buch. Stundenlang kann sie sich putzen. Ja: Entweder schläft sie, oder sie frisst, oder sie putzt sich! Ist die Katze vielleicht das reinlichste Tier der Welt? Und warum macht sie das?

Es ist ein wunderbarer Mix aus notwendiger Körperpflege und herrlichem Genuss. Ein Hund kratzt sich, wenn er einen Floh oder eine Zecke hat. Eine Katze kratzt sich nicht*: Sie *pflegt* sich. Sorgsam entfernt sie mit den kleinen unsichtbaren Häkchen auf ihrer Schlabberzunge Kletten, lose sitzende Haare und alles, was sie sonst noch stört. Das Lecken aktiviert aber auch die Talgdrüsen an den Haarwurzeln des Fells. Diese Drüsen produzieren dann mehr Fett. Das Fett wiederum hält das Fell schön geschmeidig, und vor allem wird es wasserabweisend. Obendrein gibt es der Katze auch noch ihren ganz persönlichen Duft, durch den sie sich von anderen Katzen unterscheidet. Putzt sich die Katze, macht sie es also genauso wie die Ente im Teich mit ihrem Schnabel: Die ist auch unentwegt damit beschäftigt, das Federkleid gut einzufetten.

Es ist diese bedingungslose Hingabe, die uns fasziniert. Für die Katze, die sich gerade putzt, gibt es nichts Wichtigeres auf der Welt als dieses Putzen. Sie beschäftigt sich derart intensiv mit sich selber, dass wir Menschen sie darum beneiden: So entspannt und luxuriös

---

* Jedenfalls nicht, wenn sie gesund ist.

möchten wir uns auch mal um uns selber kümmern können! Aber leider können wir uns eine Zwölf-Stunden-Kosmetikbehandlung nicht leisten, und wir hätten auch gar nicht die Zeit dafür. Weil wir Menschen – längst nicht so weise wie die Katze – unseren Terminkalender immer viel zu voll knallen. Aber natürlich gibt es eine leicht abgeschwächte, mehr auf den Menschen zugeschnittene Variante dieses katzentypischen Ich-verwöhn-mich-nonstop-Programms. Wie viele Frauen mögen wohl ihrer Katze neidisch beim Putzen zuschauen und abends ihrem Mann verkünden: »Schatz, ich habe heute ein Wellness-Weekend gebucht – nur für dich und mich«?

Die Katze putzt sich immer. Draußen auf dem Balkon in der warmen Sonne, auf dem Fensterbrett, vorm Schlafengehen, nach dem Aufwachen, nach dem Fressen, nach dem Trinken, nach der Menschenbegrüßung und wahrscheinlich auch nach der Menschenverabschiedung. Sie putzt sich natürlich nach jedem Kampf mit einem Katzenfeind und nach jeder Jagd auf eine dumme Maus, sie putzt sich nach jedem Streifengang durchs Gebüsch und auch bei Niederlagen wie zum Beispiel der Jagd auf einen Vogel, der blöderweise Flügel hat und so schlau war, sie auch zu gebrauchen. Die Katze putzt sich demonstrativ, wenn sie mit uns Ärger hat und signalisiert dadurch, dass ihr dieser Ärger am A … vorbeigeht. Gern putzt sich die Katze auf dem Hof, wenn der Hund, dieser Verbrecher, schlafend in Sichtweite liegt und gerade aufwachen möchte: Dem zeigt sie, dass er ihr gar nichts kann. Denn die Katze sitzt natürlich zwischen Hund und Katzenklappe, kann also jederzeit das Putzen abbrechen und durch die Klappe verschwinden. Nicht einmal habe ich unsere Katze gesehen, wie sie sich auf der anderen Seite vom Hund putzte, also mit dem Hund zwischen der Katzenklappe und ihr! Man ist ja nicht bescheuert und begibt sich leichtsinnig in Gefahr. Nein: Auch beim Putzen hat die Katze stets ihre eigene Sicherheit im Blick. Aber wenn die gewährleistet ist, dann putzt sie sich und putzt und putzt, und der Hund denkt – na, was? »Lass mich bloß in Ruhe, du zickiger Putzteufel!«

Wie sauber sie ihre Wohnhöhle hält

Jede Frau legt Wert auf ein gemütliches Zuhause. Alles soll irgendwie »schön« sein. Nur dann fühlt sie sich wohl. Das geht der Katze genauso. Auch das ist ein Grund, warum die Katze mehr ein Tier für Frauen als für Männer zu sein scheint!

Die Katze liebt Gemütlichkeit. Sie mag es, wenn ihr Kuschelplatz hübsch mit einer weichen Decke oder mit Stroh ausgelegt ist. Sie hat einen Sinn dafür und weiß diesen Komfort zu schätzen. Trotzdem ist sie recht bescheiden. Es reicht ihr vollkommen, wenn sie aus ihrer Höhle heraus niemanden sieht.

Dann, so folgert sie, wird man sie auch nicht sehen können. Katzen verstecken sich allzu gern. Unsere Katze ist gerade umgezogen. Das schön bemalte Katzenhaus ist out. Die lecker riechende Krabbenkiste auf der Anrichte ist das Zuhause von gestern. Das absolut hundesichere* Versteck neben dem Heizöltank ist plötzlich langweilig. Aber in der Garage steht eine Schubkarre, und in der Schubkarre hat meine Frau einen leeren Weinkarton zwischengelagert, und den hat die Katze sofort entdeckt. In dem schläft sie nun. Aber nicht, ohne von innen die beiden Deckelpappen über sich zuzuziehen. Wunderbar! Kommt meine Frau in die Garage, so maunzt die Katze aus ihrem Versteck heraus und bittet höflich um einige Streicheleinheiten. Wahrscheinlich lacht sie, weil meine Frau überall nach ihr sucht – nur natürlich nicht in diesem leeren Weinkarton.

Katzen halten ihr kleines Heim, in dem sie sich einkuscheln kön-

---

* Schon wieder Hunde! Diese Verbrecher!, sagt die Katze.

nen, sorgfältig sauber. Gegen den Katzenkorb ist der Hundekorb der reinste Dreckstall! Den Hund interessiert es nicht die Bohne, ob da irgendwas drin liegt: Essensreste, Haarbüschel, Äste, alte Blätter, irgendwas Angeschlepptes: ist ihm doch egal. Der Hund ist da vollkommen desinteressiert und knallt sich einfach obendrauf. So wie ein Mann das macht. Sicher wird er es irgendwie zu schätzen wissen, wenn der Mensch bei ihm sauber macht. Aber selbst würde er nie auf die Idee kommen. So ist der Hund eben. Die Katze ist anders.

Und nun ist es Zeit für eine Zwischenbemerkung! Was in diesem Buch geschildert wird, gilt grundsätzlich immer für die gesunde Katze. Es soll ja schließlich kein tierärztlicher Ratgeber werden, sondern eine Liebeserklärung an des Menschen eigenwilligsten Freund. Wenn sich Ihre Katze also nicht so verhält, wie es hier dargestellt wird – bisweilen etwas rosarot gemalt oder auch leicht übertrieben –, dann haben Sie keine »böse« Katze und auch keine, die den gängigen Standards nicht entspricht. Sondern dann haben Sie vermutlich eine Katze, die ein gesundheitliches Problem hat. Katzen kennen keinen Hass oder das Bedürfnis nach Rache und Bestrafung. Das sind Begriffe, die der Katze fremd sind. Wenn die Katze also zum Beispiel ihr Zuhause nicht sauber hält, dann will Sie Ihnen nichts Böses. Dann hat sie was. So einfach ist das. Und dann gehört sie dem Tierarzt vorgestellt.

Viele Menschen wissen gar nicht, was es alles für Katzenkrankheiten gibt. Das ist unglaublich! Katzen leiden zum Beispiel sehr häufig unter schmerzhaften Blasenentzündungen und können den Harn nicht halten. Sie »schaffen« es nicht aufs Katzenklo. Andere haben Magen-Darm-Probleme. Viele Katzen leiden unter Depressionen – wussten Sie das? Sie werden apathisch, fressen zu viel, nehmen zu, mögen sich kaum noch bewegen, interessieren sich nicht mehr für ihren Kratzebaum und auch nicht für die Sauberkeit ihres Domizils.

Kurzum: Sie lassen sich gehen. Depressionen, die sich so äußern, kann man behandeln. Mit speziellen Übungen und entsprechenden

Aufhellern kann aus der vermeintlich nur faulen oder unreinlichen, in Wahrheit aber erkrankten Katze wieder ganz die alte werden. Die mit dem seidigen Fell und der ungeteilten wachen Aufmerksamkeit. Allerdings setzt dieser Heilungsprozess mitunter eine engelsgleiche menschliche Geduld und vor allem auch einen Tierarzt voraus, der die Krankheit erst einmal als solche erkennt und der nicht nur gelangweilt zum Rezeptblock greift.

Die Katze und ihr blitzblanker Napf

Im direkten Vergleich mit dem Hundenapf gewinnt der Katzennapf. Er ist so blank geleckt, dass man ihn eigentlich niemals in den Geschirrspüler tun muss. Zwar frisst die Katze nicht alles auf einmal. Das wäre sogar eventuell ein Zeichen dafür, dass sie ein Problem haben könnte. Aber sie wird trotzdem darauf achten, dass ihr Napf stets blitzblank ist. Sie frisst auch kleine Krümel weg, die daneben liegen. Man hat nicht den Eindruck, dass sie es aus blindwütiger Fressgier heraus tut. Sondern aus Gründen der Hygiene und des Stils.

Wenn man eine Katze mit einem Menschentyp vergleichen sollte, so würde mir eine alte Lady in ihrem Schloss auf dem Land einfallen. Die Nase immer hoch. Der Blick sehr von oben herab. Stets angenehm und passend gewandet. Jede Bewegung ist unter Kontrolle. Der Schritt zeigt ihre Klasse. Umgeben ist sie von lauter Dienstboten (Menschen). Sie hat genaue Vorstellungen von dem, was sich gehört und was nicht. Geringste Abweichungen von der starren Norm erregen ihren Unwillen. Sie ist auf jeden Fall etwas Besseres. Sie gehört zur Elite, nein: Sie *ist* die Elite. Sie duldet keine Universen neben dem ihren. Alles hat sich um sie zu drehen. Sie strömt ein Übermaß an Arroganz aus. Trotzdem kann sie huldvoll sein zu ihren Untergebenen (Menschen). Manchmal mischt sie sich sogar unters Volk (lässt sich streicheln). Dann aber macht sie wieder den bodenlosen Abgrund sichtbar, der zwischen ihr und der gemeinen (Menschen-)Klasse liegt.

Auf jeden Fall hat sie früh gelernt und verinnerlicht, dass ein derart hochgestelltes, bewunderungswürdiges Wesen, wie sie selber es ist, in ihrem gesamten Umfeld auf penible Sauberkeit zu achten hat. Sauberkeit ist sozusagen das äußere Erkennungsmerkmal der würdevollen Persönlichkeit namens Katze. Der Napf muss nicht aus Gold sein. Es ist der Stil einer Katze, der ihn vergoldet.

Wie sie immer und immer wieder den Napf von allen Seiten betrachtet, ob er auch wirklich blitzblank ist. Wie sie hier wienert und da den Napf anhaucht, jedenfalls hat es den Anschein (in Wahrheit sucht sie natürlich nur nach einem übersehenen Rest Futter), bis der Napf wirklich ihren elitären Ansprüchen standhält und sie sich Wichtigerem zuwenden kann, als den Napf zu putzen. Denn eigentlich ist es ja eine Tätigkeit weit unter ihrem Niveau. Aber mit Katzen ist es eben wie mit alten Ladys auf dem Landschloss: Hin und wieder hilft alles nichts, dann müssen sie selbst Hand anlegen. Man kann dem Personal heutzutage ja auch wirklich nicht mehr trauen.

Die Suche nach dem Katzenklo

Sie als Mensch wissen natürlich, wie die Streu beschaffen sein sollte (saugfähig, keinesfalls parfümiert, gut mit den Tatzen umzuwälzen, möglichst griffig, eben so richtig schööön). Sie können sich vorstellen, wo die Katze am liebsten hineinpisst und ihr großes Geschäft verrichtet. Sie wissen ferner (vielleicht aber auch nicht), dass man der Katze unbedingt *zwei* Katzenklos anbieten sollte. Weil viele Katzen nicht so gern in dasselbe Katzenklo hineinpissen, in das sie auch ihr großes Geschäft erledigen.* Aber eins wissen Sie nicht: wie die Katze mit schlafwandlerischer Sicherheit in ihrem neuen Zuhause und in totaler Dunkelheit bereits nach wenigen Stunden rauskriegt, wo das Katzenklo steht.

Das ist unglaublich. Ich hatte schon oft die Gelegenheit, Katzen an ihrem ersten Tag in einer vollkommen fremden Umgebung zu beobachten. Mir fallen spontan mindestens sechs ein. Bis auf eine Ausnahme, auf die ich noch zu sprechen komme, haben alle Katzen bereits in der ersten Nacht immer ihr Geschäft ins Katzenklo gemacht. Das ist aber überhaupt nicht selbstverständlich, und uns Menschen erscheint es wie ein kleines Wunder. Wie macht die das?

Natürlich pflegt man der Katze am ersten Tag zu zeigen, wo das Katzenklo ist. Also man lockt sie dorthin, tut vielleicht ein Leckerli hinein (was die Katze vermutlich als totalen Stilbruch empfindet (»Soll ich jetzt aus dem Sch...haus fressen, oder was?«), man hat ein bisschen in der Streu herumgewühlt und ihr mit warmen Worten erklärt, dass sich ihre Toilette ab sofort unter der Bank in der

* Wenn sie immer nur eins benutzt, können Sie das andere ja wieder wegstellen.

Küche befindet. Sie hat das alles gar nicht interessiert, denn im Moment muss sie nicht, also erzählt mir doch nix vom Klo.

Wenn ihr Menschen essen geht, erzählt der Gastwirt doch auch nicht stundenlang, wo die Toilette ist, führt euch dorthin, wühlt im Pissoir herum und schmeißt am Ende auch noch ein Schnitzel rein! Also die Katze begibt sich lieber wieder auf ihren Platz am Fenster, aalt sich in der Sonne und zeigt null Reaktion.

Als Mensch stellt man sich nun darauf ein, dass die erste Nacht vermutlich ein Fiasko wird. Am Morgen wird die Bude stinken wie Sau. Die Katze wird das Katzenklo nicht gefunden und irgendwo hingepisst haben. Das wird ein Geruchsfeuerwerk der allerersten Qualität. Man würde es ihr ja gar nicht übel nehmen. Sie muss sich halt erst daran gewöhnen.

Aber am nächsten Morgen ist alles anders als befürchtet. Die Wohnung riecht wie immer. Die Katze aalt sich schon wieder in der Sonne. Man schnuppert und durchsucht die Wohnung misstrauisch auf Kötel. Die liegen – akkurat verbuddelt – im Katzenklo. Dort ist auch hineingepisst worden. Man jubelt und lobt die Katze. Die aber weiß leider nicht, warum sie jetzt gelobt wird. Aber das ist ihr egal. Die Katze lässt sich gerne loben. Wenn der dumme Mensch denn meint … Vermutlich ist es nur ein Zujubeln, so als wenn die Queen durch London fährt. Wer wird den Jubel denn auf so etwas Vulgäres zurückführen wie auf ein Katzenklo und seine korrekte Benutzung? Hält der Mensch die Katze denn für blöd?

Ja: Der Mensch hält die Katze für weniger intelligent, als er selber ist. Aber das könnte eventuell eine dramatische Fehleinschätzung sein. Vielleicht ist die Katze viel schlauer als der Mensch. Wer weiß das schon? Beispiele dafür gäbe es genug – nicht zuletzt auch in diesem Buch.

Ihre Sauberkeit auch ohne Katzenklo

Es kann trotz der Erfahrungen aus dem vorigen Kapitel durchaus passieren, dass die Katze ihr Katzenklo auch einmal nicht findet. Das kommt besonders dann ziemlich häufig vor, wenn sie zwar mit der Wohnung vertraut ist und schon eine ganze Weile dort lebt, aber der blöde Mensch plötzlich und unerwartet beschließt, dass sie umziehen muss. Ein Beispiel ist das von mir bereits erwähnte Gästezimmer:

Wir hatten es aus Nachlässigkeit geschehen lassen, dass sich die Katze das Gästezimmer unseres Bauernhauses als »ihr« Domizil aussuchte. Dort war sie tagelang kaum sichtbar, da es hier einen großen Haufen von abgelegter Bettwäsche gab und sie sich quasi im Paradies fühlte. Zwei Federbetten und drei Kopfkissen über sich zu haben, ist für eine Katze echt was ganz, ganz Tolles. Das Katzenklo stand nicht weit davon unter dem Waschbecken, denn unser Haus ist eigentlich noch so wie früher, und früher hatte man eben in den Gästezimmern unter den schweren Eichenbalken entweder eine Waschschale oder schon ganz modern ein Waschbecken mit fließend Wasser. Dort stand nun also seit einigen Wochen das Katzenklo, und alles war gut. Bis sich Besuch ankündigte und die Katze umziehen musste.

Ja, ich weiß: Ihnen wäre das nicht passiert! Sie hätten diesen Fehler natürlich nicht gemacht! Wir haben ihn aber gemacht. Und so kam der Tag, an dem nicht nur die Katze umziehen musste, sondern auch das Katzenklo.

Wir hatten es ihr gezeigt und sie gefragt, ob sie es nun begriffen habe. Aber sie hat nicht wirklich reagiert. Irgendwann gingen wir dann ins Bett und hofften, dass sie es schon alleine schnallen würde. Hat sie aber nicht. Oder war es vielleicht Protest? Wollte sie sich beschweren, dass ihr geliebtes Gästezimmer plötzlich für sie geschlossen war? Was mag geschehen sein in dieser langen Nacht? Es wurde nie aufgeklärt, denn irgendwann gingen wir ja schlafen.

Jedenfalls kamen wir morgens schlaftrunken wieder runter und stellten fest, dass die Katze ihr großes Geschäft mangels eines Katzenklos fein säuberlich ins Waschbecken in der Küche gemacht hatte. Danach hatte sie einen Waschlappen, der fürs Reinigen des Geschirrs nicht weit entfernt lag, herbeigezerrt und diesen säuberlich über ihre Hinterlassenschaften gedeckt. Danach mag sie dann wohl schlafen gegangen sein.

Wir waren begeistert. Es war der Katze offenbar unangenehm, dass sie dieses selbst gewählte Ersatzklo benutzen musste. Sie hatte sich genau den Platz ausgesucht, der am leichtesten zu reinigen war. Und sie hatte ihn sogar noch abgedeckt. Am nächsten Tag ist sie dann wohl eher zufällig auf den neuen Standort ihres Katzenklos gestoßen und hat ihn sofort akzeptiert.

Ihre superfeine Nase

Eine Katze riecht nicht nur gut, sondern sie riecht auch gut.[*] Noch besser als ihr scharfes Auge ist nämlich ihre Nase. Sie riecht einfach alles. Und ob sie jemanden mag oder nicht, das hat viel mit den Geruchsnerven zu tun. Es gibt Katzen, die haben nichts gegen Nikotin. Aber es gibt auch welche, die können Zigarettenrauch überhaupt nicht leiden. Beobachten Sie mal so eine Katze, wenn Raucher zu Gast sind! Die Körpersprache ist einmalig. Indigniert und angeekelt wendet sich die Katze ab, wenn sie zufällig in die Nähe des Rauchers gerät. Ihr ganzer Körper ist ein einziges Nichtraucherschild mit durchgestrichener Zigarette. Iiii! Das STINKT! Sie springt lieber auf den Schoß eines Nichtrauchers. Wenn die Qualmwolken zu dicht kommen, verzieht sie sich in ein anderes Zimmer, oder sie huscht in den Garten.

Aber es geht nicht nur ums Nikotin. Manche Parfums mag sie, andere lehnt sie rundweg ab. Wenn draußen gegrillt wird, ist sie zwiegespalten: Einerseits riecht das ja ganz lecker. Aber andererseits … Dieser widerliche Qualm und das Knacken und Zischen: Nein danke! Die meisten Katzen verziehen sich beim Grillen lieber in irgendeine gut geschützte Ecke, von der aus sie zwar alles mit ihren grün glühenden Augen gut beobachten können – wo man sie aber nicht gleich entdeckt und vor allem, wo der Qualm nicht hinzieht.

Da unterscheiden sie sich vom Hund. Der legt sich mitten in die Qualmwolke hinein. Weil er dort die besten Stücke abzugreifen

[*] Im Sinne von »sie kann auch gut riechen«.

hofft, und alles andere ist ihm egal. Riecht nach Wurst = muss gut sein (das ist der Hund). Wurst riecht verbrannt = ist unter meinem Niveau (das ist die Katze).

Katzen sind wirklich hyperempfindliche Wesen mit einer ganz, ganz feinen Nase. Am besten riecht natürlich das Katzenfutter in diesen kleinen Packungen, wo genau eine Portion drin ist. Ein interessanter Test, ob die Katze besser hört oder riecht, geht übrigens so: Wenn man eine Packung leckeres abgepacktes Einmalfutter ganz still und heimlich aufmacht und dabei das Radio laut stellt – kommt sie dann trotzdem angerannt?

Wenn ja, dann ist sie ein Nasen-Typ. Sie hat es gerochen. Wenn nein, dann ist sie eher ein Ohren-Typ. Ein zweiter Test: Holt man das Trockenfutter genauso leise heraus und sie döst weiter vor sich hin, dann ist sie ebenfalls ein Ohren-Typ. Denn wenn man es mit lautem Klackern in den Napf fallen lässt, dann kommt sie ja angerannt. Katzen, die aber auch beim leisesten Trockenfutter-in-den-Napf-Füllen angerannt kommen, sind natürlich ausgesprochene Nasen-Typen.

Es tun sich weitere Fragen auf. Was riecht für eine Katze wohl besser: der Lieblingsmensch oder das Lieblingsfutter? Ach je, darüber kann man lange diskutieren. Ich glaube: Bei aller Liebe zum Menschen – das Futter würde wohl gewinnen.

Sie bringt uns bei, Erfolg zu genießen

Von der Katze können wir Menschen eine Menge lernen. Zum Beispiel, wie man mit Erfolg umgeht.

Betrachten wir einmal den Menschen als solchen aus der Sicht einer Katze. Sie staunt und schüttelt ungläubig den Kopf. Warum jagt dieser Mensch von einem Erfolg zum anderen, obwohl er doch gar keinen Hunger mehr hat? Das mache ich, also die Katze, ganz anders. Ich jage dann, wenn ich Lust dazu habe. Nachdem ich mein Ziel erreicht habe, ruhe ich mich erst einmal aus und peile nicht gleich das nächste Ziel an! Der Mensch ist dumm. Er hat ja gar kein Ziel, wenn er immer von einem zum anderen jagt. Es ist doch viel besser, wenn man nur manchmal jagt und danach den Jagderfolg genießt! Warum jagt man denn, wenn man den Jagderfolg gar nicht mehr genießen kann?

So würde die Katze sprechen, wenn sie sprechen könnte. Schauen wir uns einmal an, wie sie das macht. Es gibt Katzen, die fressen von der Maus nur ein bisschen und legen den Rest stolz vor die Menschentür. Andere rühren die erlegte Beute überhaupt nicht an. Aber die meisten Feldkatzen, wie ich sie nenne und kenne, fressen ihre Beute mit Haut und Haar. Ja, sie suchen hinterher sogar noch die Umgebung des Schlachtfelds ab! Irgendwo könnte sich doch noch etwas verstecken, was man übersehen hat.

Ist dieser schwierige Teil der Nachsorge erledigt, fängt die Katze natürlich an, sich ausgiebig zu putzen. Logisch ist ja, dass jeder Kampf Spuren hinterlässt: Hier ist etwas hingespritzt, dort ist etwas übrig geblieben. Da erlebt man die Natur von ihrer archaischsten Seite und die Katze als echtes Raubtier.

Man muss sich nur vorstellen, dass sie zehnmal so groß wäre, wie sie ist: also nicht 30 Zentimeter lang, sondern gestreckt gefühlte drei Meter. Ein Riesenlöwe. Der hat dieselben Bewegungen, dieselben Manieren, denselben gefährlichen Appetit und dieselbe systematische Suchmethode nach übersehenen Resten der Mahlzeit wie die kleine Katze. Und auch dieselbe Ruhe nach getaner Arbeit.

Nur mit dem Unterschied, dass der Löwe grundsätzlich etwas übrig lässt und sich – arrogant, wie er nun mal ist – nur die besten Bissen heraussucht, weshalb ihm ja auch immer eine Horde von Kojoten (am Boden), Geiern (in der Luft) und ähnlichen, eher unsympathischen Tieren folgt. Haben Sie auch bei Karl May gelernt, stimmt's?

Der Geier unserer Wiesen und Weiden ist der Falke. Geht unsere Katze unten auf die Jagd, steht er schon in der Luft und rüttelt mit den Flügeln. An sie selbst traut er sich nicht heran, weil sie schon zu erwachsen, kräftig und kampferprobt ist. Aber er meint, das Mäusefangen könnte man doch durchaus ihr überlassen und sich hinterher holen, was sie übrig lässt.

Da könnte er sich allerdings täuschen: Denn meistens lässt sie nichts – aber auch gar nichts – übrig. Etwas liegen zu lassen widerstrebt den meisten Katzen. Sie hinterlassen das Schlachtfeld gern sauberer, als sie es vorgefunden haben. Sie haben ja auch alle Zeit der Welt! Erst einmal gesättigt, treibt sie keine Eile an. Kommst du heut nicht, kommst du morgen. Es gibt keinen vernünftigen Grund, sich sofort wieder zu Hause zu melden. Ob man hier eine Stunde, einen Tag oder eine Woche verbringt, ist vollkommen egal. Man kann den gefangenen und verspeisten Erfolg so richtig genießen. So lange, bis es der Katze langweilig wird, bleibt sie am Ort des Geschehens (aus Mäusesicht würde man sagen: am Tatort).

Wir Menschen können uns davon tatsächlich eine Menge abgucken. Hasten wir nicht immer von einem Erfolg zum nächsten, ohne diesen oder den folgenden wirklich zu genießen? Wir setzen uns ständig unter Leistungsdruck und versuchen, uns selbst zu übertreffen. Die Katze hat keinen Anspruch an sich selbst. Ob sie besser ist als andere, interessiert sie nur im aktuellen Kampf. Hat sie den verloren, haut sie jaulend ab. Hat sie den gewonnen, bleibt sie sitzen, blinzelt, genießt, kennt keinen Terminstress, hat nichts vor, setzt sich nicht unter Druck, kurzum: Sie lässt das Leben geschehen. Glückliche Katze! Unglücklicher Mensch, was tust du dir an? Warum gönnst du dir nicht nach getaner Arbeit eine Auszeit, so wie das die Katze seit Jahrtausenden macht?

Wie sie Unordnung hasst!

Die Katze ist ein ausgesprochen konservatives Haustier. Sie ist die Bewahrerin, die Hüterin, die Wächterin althergebrachter Sitten und Gebräuche. Jede Veränderung ist ihr zuwider. Hier auf dem Sofa liegt zum Beispiel das Sofakissen. Dann möge es auch da liegen bleiben, und der Mensch hat es, wenn er es denn mal benutzte, wieder zurückzulegen! Hier stehen des Menschen Schuhe. Bitte stellt sie morgen wieder dorthin! Die Katze schleicht nachts drum herum und schnuppert: Mhm, riecht gut. Riecht nach Mensch. Stehen die Schuhe morgen woanders, muss sie erst wieder mühsam danach suchen.

Der Weg von der Katzenklappe in der Tür zum Schlafplatz hinter den Fahrrädern: Bloß nichts in den Weg stellen, zum Beispiel den Rasenmäher oder die Schubkarre! Zwar sieht die Katze in der Dunkelheit sehr gut und würde sich niemals stoßen. Aber mit einer Wärmebildkamera könnte man beobachten, wie missmutig sie das Hindernis betrachtet und sich zu fragen scheint, wer dieses Chaos wohl verursacht haben mag. Natürlich war es der Mensch, dieses unerzogene Wesen! Das Katzenklo, wie bereits geschildert, sollte ohnehin seinen festen Platz haben. Schlafmulde und Kratzebaum ebenso. Missmutig maunzt das Tier, wenn es aus seinen Gewohnheiten herausgerissen wird. Kontinuität ist die Basis des Wohlgefühls. Tradition ist ein hehrer Katzenwert. Eine Katze begreift nicht, dass der Mensch zum Beispiel hin und wieder sein Zuhause umräumt. Warum? Es war doch alles schön, so wie es war, und alles war an seinem Platz!

Wer jemals mit einer Katze umgezogen ist, kennt aber auch eine

ganz andere Seite an ihr. Die Kartons sind noch längst nicht aus-
gepackt, da beginnt sie schon, die ungewohnte Umgebung zu er-
forschen. Lange bevor der Mensch seinen Lieblingsplatz gefunden
hat, sitzt sie schon auf ihrem. Sie schnurrt und blinzelt und zeigt,
dass sie hier gern bleiben möchte. Versucht man, sie woanders
unterzubringen, reagiert sie mürrisch. »Wenn ich schon umziehen
muss, dann hier- und sonst nirgendwohin!«

Je älter die Katze, desto mehr Wert legt sie auf ihre Gewohnheiten. Da ist sie so wie Oma. In vielen Familien kommen die
Großeltern, sofern sie denn mit im Haushalt leben, tatsächlich
am besten mit der Katze zurecht. Weil sie ihr am ähnlichsten sind.
Beide – Katze und Großeltern – sind stur, haben keine Lust auf
Veränderung, gönnen sich gern mal eine Pause und gucken einfach
nur so aus dem Fenster. Bloß keine Hektik! Das ist ihr Motto.

Wie sie ihre eigene Schönheit genießt!

Schlafen, fressen, spielen: Das ist der Hund. Schlafen, fressen, spielen, putzen: Das ist die Katze. Die »vernünftigen« Gründe, warum sie so sehr auf ihre Sauberkeit achtet, wurden ja bereits erwähnt. Aber man wird das Gefühl nicht los, dass die Katze auch ein *Schönheitsempfinden* hat. Stolz trägt sie ihr glänzend-kuschelweiches Fell spazieren, so wie eine Frau ihren ... Pelzmantel, wollte mir gerade aus der Feder fließen, aber das geht natürlich nicht in einem Buch für Katzenfreunde, also sagen wir mal: ... wie eine Frau ihre schicke neue Frisur.*
Die Katze *geht* ja nicht durch den Garten, sondern sie *schreitet*. Der elegante Bogen, den ihr Schwanz beschreibt, hat den idealen Radius. Kommt sie im Hausflur an dem großen Spiegel vorbei, der bis zum Fußboden reicht, so bleibt sie stehen und betrachtet sich mit Hingabe. Ich meine sogar zu beobachten, dass sie dann manchmal eine winzige ungeordnete Stelle ihres Fells zu untersuchen und zu glätten beginnt.

Dies führt uns zu einem spannenden Thema, das noch lange nicht ausreichend erforscht ist: Können Katzen im Spiegel wirklich erkennen, dass sie sich dort selbst sehen? Und wenn diese Frage mit Ja zu beantworten ist: Können sie dann auch Konsequenzen daraus ziehen, zum Beispiel wie eben erwähnt einen Makel beheben, der ihnen vorher noch nicht bewusst gewesen ist?

Im Internet wird diese Frage ebenso konträr unter Wissenschaft-

---

* Obwohl es auch Frauen gibt, die ihren Pelz *und* ihre Katze lieben! So wie es auch engagierte Tierschützer gibt, die bei Gelegenheit gern ein Schnitzel aus der Massenschweinhaltung oder einen zu Tode gebrühten Hummer verdrücken.

lern wie unter Katzenfreunden diskutiert. »Meine ›Lady‹ jedenfalls stolziert gerne mal vor dem Spiegel hin und her (ich habe im Flur so einen, der bis zum Boden reicht), und sie scheint sich ganz eindeutig selber zu bewundern«, lese ich in einem Forum. »Meine konnte das als kleine Katze nicht. Da hat sie immer versucht, hinter den Spiegel zu schauen«, schreibt eine andere Katzenhalterin. »Aber ist das nicht bei Menschenkindern genauso? Die müssen doch auch erst einmal lernen, was ein Spiegel ist. Heute erkennt sie sich ganz klar.« Weitere Stimmen: »Meine Katze geht einfach am Spiegel vorbei. Entweder erkennt sie nicht, dass sie das ist, oder sie weiß es und es langweilt sie.« »Katzen können überhaupt nicht erkennen, dass da eine andere Katze im Spiegel ist.« Da kann man also verschiedener Meinung sein!

Die Frage ist (über die spannende Diskussion über Katze und Spiegel hinaus) sehr wichtig. Denn wenn die Katze sich wirklich selbst erkennt und womöglich daraus auch noch Konsequenzen zieht, dann hat sie ein *Bewusstsein*. Dann ist sie in der Lage, sich selbst quasi von außen als *eigenständige Figur (Persönlichkeit)* zu betrachten. Dann wäre sie dem Menschen, für dessen Privileg man diese Eigenschaft bisher hielt, viel näher als angenommen.

Wissenschaftler machen den sogenannten »Spiegeltest« so: Sie malen einem Tier oder einem Menschenkind unbemerkt einen Klecks auf die Stirn und halten ihm dann einen Spiegel vor. Menschenkinder fangen circa ab dem zweiten Lebensjahr an, ihn abzuwischen. Schimpansen und Orang-Utans tun das auch, ferner Elstern, Rabenvögel und asiatische Elefanten. Gorillas scheren sich nicht drum, Hunde auch nicht. Leider, und jetzt kommt's: Katzen stehen so wenig wie Gorillas auf der Liste der Tiere mit »Bewusstsein«.

Das soll uns aber nicht daran hindern, trotzdem daran zu glauben! Schließlich hat unsere Katze auch sonst in etwa den Intelligenz- bzw. Bildungsgrad eines zweijährigen Kindes. Warum soll sie sich nicht selbst erkennen? Die Forscher hatten wahrscheinlich die falschen Katzen. Oder sie haben es gar nicht erst mit Katzen versucht.

Sie mag es gar nicht, wenn wir müffeln

Manchmal fragt sich der Katzenfreund, und manchmal fragt sich die Katzenfreundin, welches Sinnesorgan für die Katze wohl das Wichtigste sein mag. Wie orientiert sie sich? Sind es die Augen? Sind es die Ohren? Ist es die Nase? Ich weiß das nicht. Vielleicht ist es von der Tages- bzw. Nachtzeit abhängig?

Dann wären Ohren und Nase nachts wichtiger als die Augen, obwohl: Das kann auch nicht sein, denn die Katze braucht ja ihr eingebautes Nachtsichtgerät und hat es nicht umsonst. Sind alle drei Sinnesorgane also gleich wichtig? Nein, das kann auch nicht sein. Zwar spielen sie zusammen und ergeben erst gemeinsam diese vollkommene Harmonie, die Sicherheit bei der Jagd, die Flucht bei Gefahr, die unglaubliche Überlebenskunst der Katze und die schlafwandlerische Sicherheit, mit der sie sich aus schier ausweglos erscheinenden Gefahrensituationen heraus immer wieder zu befreien weiß. Aber ich glaube, dass Augen und Ohren der Katze zwar dienlich sind, sie letztendlich aber doch ihrer *Nase* vertraut. Zumindest, wenn es um die Sympathie geht.

Ich wage diese gewagte These aus der Beobachtung heraus, dass es der Katze durchaus egal ist, wie ich morgens aussehe (ihre Augen stört das nicht). Es ist ihr auch vollkommen egal, ob ich laut spreche oder leise (also kann ihr Gehörsinn nicht so wichtig sein).

Aber wenn ich nicht so gut rieche wie sonst, dann haut sie ab. Die Ausdünstungen einer fröhlich durchzechten Nacht sind ihr zutiefst zuwider. Den Wechsel des Rasierwassers quittiert sie mit wochenlanger Distanz. Sie verabscheut den Geruch meines Antimückensprays. Die Sonnencreme hingegen gefällt ihr gut, aber übermäßiger Knoblauchgenuss beim Griechen am Abend zuvor verursacht Stirnrunzeln bei ihr. Gegen Zwiebeln hat sie nichts einzuwenden. Ich könnte diese Aufzählung endlos fortsetzen! Denn die Katze (natürlich hat jede ihre ganz individuelle Vorstellung davon, was gut riecht und was nicht) ist das ehrlichste und direkteste Wesen auf der ganzen Welt. Sie kommt rein, sie freut sich, dass der Mensch auch schon wach ist, sie hat das Bedürfnis zu schmusen, sie springt einem auf den Schoß, sie schnuppert, zögert, dreht sich weg und – auf Wiedersehen, das war's. Mensch, was riechst du heute schlecht.

Wie bereits erwähnt, hält sich die Katze den Menschen ja bekanntlich als Sklaven. Es ist seine naturgegebene Bestimmung, die Katzenwelt in Ordnung zu halten, also zum Beispiel das Katzenklo regelmäßig zu reinigen, neue Streu hineinzutun, für leckeres Essen und stets frisches Wasser zu sorgen. Dafür kommt er ja auch in den Genuss der Gegenwart von *Königin Katze* – eine Ehre, die der Mensch gar nicht hoch genug einschätzen kann! Was die Katze aber als Mindestmaß des Anstands erwartet, ist dies: Der Mensch möge doch auf ihre empfindliche Nase ein wenig Rücksicht nehmen und sich entsprechend putzen. Schließlich tut sie das ja auch den ganzen Tag. Und natürlich kann sie von ihren Untergebenen erwarten, dass die sich wenigstens etwas von ihrem hohen Niveau abgucken.

Und sie lässt sich wie eine Königin bedienen

Die Katze schreitet zu ihrem Kosmetiktermin, und der Mensch ist die dienstbare Kosmetikfachkraft. Er hat irgendwas in der Hand, das der Katzenkönigin gut tun wird. Eine Bürste oder so. Mhm: Das tut aber gut! Möge er, der Mensch also, die Katzenkönigin ausgiebig verwöhnen und sie mal so richtig durchkratzen und -massieren! Das hat sie sich verdient. Gnädig lässt sie es geschehen. Sie hat alle Zeit der Welt. Nichts wird sie stören. Wohlig räkelt sie sich. Ein leises Schnurren zeigt dem Menschen, dass er es dieses Mal fast perfekt macht. Na bitte: Geht doch!

Auch der Mensch scheint lernfähig zu sein. Leise Geräusche lässt er hören, die einschläfernd wirken. Sie klingen wie »Ist das gut?«, »Macht dir das Spaß?«, »Schön machst du das«, »Hier noch mal?« oder »Das tut gut«. Weiß der Henker bzw. der Hund, was der Mensch damit sagen will. Jedenfalls könnte man jetzt direkt so einschlafen beim Bürsten und Massieren. Man lässt als Katzenkönigin die Augen zu kleinen Schlitzen werden und antwortet dem Menschen mit einer ausgewählt freundlichen Körpersprache, denn er versteht die Katzensprache sonst ja nicht. »Hier etwas mehr!«, »Tiefer!«, »Höher!«, »Ja, da ist es richtig!« und – er scheint es tatsächlich zu begreifen!

Menschen sind gar nicht so dumm, wie sie manchmal tun. Hauptsache, der Mensch hört jetzt nicht auf, weil zum Beispiel sein Handy piepst oder irgendein unwichtiger Termin wartet. Sollte das aber so sein, dann wird sich die Katzenkönigin beleidigt entfernen. Was bildet sich der Mensch eigentlich ein, dass er so unvermittelt diese Komfortbehandlung abbricht und sich seinen eigenen Geschäften zuwendet? Missmutig begibt sich die Katze auf ihren Lieblingsplatz und schaut den Menschen hochmütig an. Hätte das nicht noch Stunden so weitergehen können?

Katzen sind wie Frauen: Wenn man sie streichelt, massiert und kratzt, dann kennen sie kein Zeitgefühl. Dann bleibt die Zeit für sie stehen. Egal, ob zehn Minuten, eine Stunde oder zwei: Sie können immer genießen. Und es wird ihnen niemals langweilig dabei. Vorausgesetzt natürlich, dass der Mensch alles richtig macht! Denn manchmal springt die Katze mitten in der liebevollsten Behandlung auf, schüttelt sich kurz, macht einen Satz und ward nicht mehr gesehen. Dann hat sie entweder etwas noch Spannenderes gehört oder entdeckt, was sie zu totaler Wachsamkeit zwingt (war da eine Maus?), oder man hat ihr versehentlich wehgetan. Deshalb ist es gut, wenn man sich die Stelle merkt, an der man gerade zugange gewesen ist. Reagiert sie beim nächsten Kosmetiktermin wieder so empfindlich an dieser Stelle, dann müsste man gelegentlich zum Tierarzt mit ihr. Denn dann hat sie was.

Aber vielleicht ist ja auch gar nichts. Die Katze ist bekanntlich eine Diva. Deshalb ist sie auch schnell genervt, wenn man sie an der falschen Stelle kitzelt. Apropos Diva: Diesem Thema widmen wir doch glatt das ganze nächste Kapitel!

KAPITEL 5

Die Katze als Diva und weise Majestät

Sie mag längst nicht jeden

Die Katze verteilt ihre Sympathie nach Kriterien, die dem Menschen vollkommen unbekannt sind. Da denkt man zum Beispiel, dass man eine gute Freundin hat. Der kann man alles erzählen, und man tut es auch. Nun kommt diese »gute Freundin« zu Besuch, und die Katze reagiert total allergisch. Iiii, nee, die mag ich nicht!, sagt ihre Körperhaltung. Sie springt der »guten Freundin« nicht auf den Schoß und hält sich auch sonst eher bedeckt. Hm, so überlegt man: Wie kann das denn sein? Normalerweise haben wir beide doch den gleichen Menschengeschmack!

Eine Weile versucht man, die »gute Freundin« und die Katze miteinander zu versöhnen. Ja, man legt sogar großen Wert darauf! Diese beiden, die *müssen* sich doch einfach vertragen! Man fordert die Katze zum Beispiel ausdrücklich dazu auf, sich doch auch mal auf den Schoß der »guten Freundin« zu setzen. Man drückt der »guten Freundin« einen kleinen Leckerbissen in die Hand und hofft, dass man die Katze auf diese Weise überlisten kann. Aber nix da: Die Katze denkt gar nicht daran, den Leckerbissen zu schnappen. Das ist unter ihrem Niveau. Na gut, denkt man: Das hat also nicht unbedingt geklappt, aber die Katze kann sich ja auch mal täuschen, was Menschen angeht! Man möchte es ihr verzeihen, und man tut es auch.

Einige Wochen vergehen, und plötzlich stellt man fest: Die »gute Freundin« ist eine falsche Schlange. Alles, was man ihr vertraulich erzählt hat, verwendete sie gegen einen. Lügen hat sie verbreitet und sich selbst dabei immer ins beste Licht gerückt. Man steht dumm da: im Freundeskreis oder in der Firma, in der Familie oder am Stammtisch bei der wöchentlichen Würfelrunde. Nie wieder wird man diese hinterhältige Ratte in die eigene Wohnung einladen. Und die Katze? Wenn sie richtig lachen könnte, würde sie sich jetzt schütteln. Hat sie es nicht gleich und von Anfang an viel besser gewusst als der dumme Mensch?

Aber die Katze lacht nicht aus vollem Hals. Ihre Reaktion ist ein unergründliches Schnurren. Das kann alles bedeuten: Mitleid und Selbstgerechtigkeit, Trost und ein hämisches »Hab ich's nicht gleich gesagt«, »Ist doch nicht so tragisch« und »Hättste mal auf mich gehört«. Die Katze schnurrt, der Mensch ist schlauer geworden. Er wird sich bei seiner Katze bedanken.

Aber hat eine Katze denn wirklich die bessere Menschenkenntnis? Wir kommen da auf eine hochinteressante Frage, die man so formulieren könnte: Hat der Mensch mit seinen allseits bekannten einmaligen Fähigkeiten, die ihn vom Tier unterscheiden sollen, eigentlich den natürlichen Instinkt eines – was die Entwicklung angeht – knapp unter ihm stehenden Wesen zu seinem eigenen Vorteil *weiterentwickelt* – oder hat er ihn *verschüttet*?

Denken Sie mal darüber nach! Sicher ist doch dies: Bevor das Lebewesen Mensch sich ein Bild von einem anderen Lebewesen macht, muss es (das Lebewesen Mensch) erheblich mehr Fakten verarbeiten als das Lebewesen Katze. Um nur einige zu nennen: den Faktor Zeit verbunden mit Vergangenheit, Gegenwart, Zukunft (kennt die Katze überhaupt nicht), den Faktor soziale Kompetenz bzw. Verpflichtung (ist der Katze egal, sofern es nicht um ihre Jungen geht), den Faktor Außenwirkung auf andere (es interessiert sie nur, wer stärker ist), den Faktor eigene Erfahrung (den allerdings kennt sie und setzt ihn sogar konsequenter ein als wir Menschenwesen), den Faktor eigene Emotion (der dürfte ihr fremd bzw. zumindest nicht bewusst sein), den Faktor Vorteilsnahme (den kennt sie nur in Bezug auf Futter) und viele andere Faktoren mehr.

Die Katze hört, riecht und schmeckt. Mehr tut sie nicht. Macht sie das unverfälschter und dadurch treffsicherer oder nicht? Wer ist denn nun das höher entwickelte Wesen?

Sie ist vermutlich viel klüger, als sie tut

Wenn, wie der kanadische Forscher Stanley Coren gerade ermittelt hat, Hunde bis zu 250 Wörter verstehen können und somit in etwa den Intelligenzgrad eines Zweijährigen erreichen – wie viel von dem, was wir den ganzen Tag so vor uns hin sagen, versteht dann erst die Katze?

Dass sie schlauer und intelligenter ist als der Hund, steht wohl außer Frage. Schließlich entscheidet sie ganz allein, dass sie Kommandos jeder Art konsequent ignoriert – obwohl sie natürlich durchaus imstande wäre, zum Beispiel »Sitz« zu machen oder einem Einbrecher auf das Kommando »Fass« hin das Gesicht zu zerkratzen. Klar *kann* die Katze das! Aber sie *will* es nicht, weil es ihrer Philosophie widerspricht. Andererseits versteht sie die liebevoll dahingesagten Worte »Es gibt Futter« selbst im Tiefschlaf. Der Hund denkt vermutlich: »Der Mensch ist ein Gott, denn er gibt mir Futter.« Die Katze hingegen denkt: »Der Mensch ist ein Sklave, denn er gibt mir Futter.« Ja: Das ist der Unterschied zwischen Hund und Katze.

Wozu die Katze wirklich imstande ist, das hat noch kein Wissenschaftler erforscht. Denn die Katze entzieht sich bewusst Versuchsreihen aller Art (es sei denn, man betäubt sie vorher und missbraucht sie zwangsweise zu Tierversuchen). Freiwillig macht die Katze keinen Test. So was ist ihr einfach zu blöd. Man muss ein wenig in der Tierwelt herumforschen und stellt dann fest: Donnerwetter! Katzen sind wirklich oberschlau und mit Sicherheit viel klüger, als sie tun.

Der Intelligenzquotient von Katzen wird von den meisten

Wissenschaftlern höher eingeschätzt als der von Affen (Ausnahme: der Schimpanse, der dem Menschen am ähnlichsten ist). Der Pavian zum Beispiel kann der Katze nicht das Wasser reichen. Er versteht auch nicht viel. Außer Lausen, Fressen, Sex und Schlafen hat er eigentlich keine Interessen. Genau dieser Pavian ist aber viel schlauer, als man denkt. Im Knowsley-Tierpark dicht bei Liverpool, der mit dem eigenen Auto befahrbar ist, suchen sich die Paviane ganz gezielt Autos mit Dachkoffer-Box aus. Der stärkste und dickste Affe hüpft auf dem Koffer herum, bis die Schlösser aufknacken und die anderen klauen den Inhalt, ziehen sich laut kreischend vor Vergnügen die dort verpackten Unterhosen der entsetzten Besucher an und fressen natürlich alles, was sie dort finden und für fressbar halten. Inzwischen werden Autofahrer mit Dachkoffer-Box schon davor gewarnt, durch den Pavianbereich zu fahren! Wenn aber schon der vergleichsweise dämliche Pavian ganz von alleine auf solche Tricks kommt: Was mag sich die Katze dann erst ausdenken? Streicht sie wirklich ziellos durch die Wohnung oder heckt sie bereits den nächsten Streich aus? Warum schaut sie uns von ihrem Lieblingsplatz aus zu? Was führt sie im Schilde? Müssen wir uns vielleicht fürchten vor ihrer Intelligenz? Auch wegen solcher düsteren Gedanken lieben wir dieses schwer zu durchschauende Wundertier.

Sie ist der wahre Guru

Der Mensch ist doch ein recht emotionales Wesen. Er schimpft und ist empört, er regt sich wieder ab, er freut sich kindisch über vermeintliche Erfolge, die sich hinterher als Misserfolge erweisen, und nur selten siegt sein Intellekt über die Macht seiner Gefühle. Der Mensch ist ein Getriebener. Ein wirrer Irrender. Ein flatterndes Blatt vom Baum der Erkenntnis im stürmischen Gewitter der unkontrollierten Leidenschaften. Heute frisch verliebt und himmelhoch jauchzend, ist er morgen tief enttäuscht und zu Tode betrübt. Der Mensch soll die Krone der Schöpfung sein? Ach je. Was ist dann erst die Katze?

Die Katze beschränkt sich klug auf das Urprinzip der Weisheit: Hier die Aktion. Hier die Reaktion. Alles ist im Gleichgewicht. Und alles ändert sich: »Panta rhei« (altgriechisch: alles fließt). Yin und Yang. Die Katze als Philosoph. Hier ist der Fressnapf. Voll ist er Yin, leer ist er Yang. Was ist wichtiger: Yin oder Yang?[*]

Die Katze weiß es, der Mensch nicht: Wichtig ist weder der volle Fressnapf noch der leere. Wichtig ist das Fressen. Es ist auch nicht wichtig, ob jetzt die Sonne scheint und nachher vielleicht Regen kommt. Wichtig ist die Wärme, die man spürt, und das Dach über dem Kopf bei Regen.

Der Katze fehlt das größte Handicap des Menschen: Der denkt immer in Zeitbegriffen und kann sich deshalb nie auf das Wesentliche konzentrieren. Er wird niemals wirklich weise sein. Dies war, dies ist, dies wird sein: So denkt der Mensch. Jede Frau hat bei

---

[*] Eine der Kernfragen des Daoismus

Sonnenschein einen Regenschirm in der Handtasche. Jede Mutter sorgt sich, dass ihr Kind von der Rutsche fallen könnte. Gleich. Nicht jetzt. Die Frau kann die Sonne nicht genießen, weil es gleich regnen könnte. Die Mutter kann das Glück des Kindes nicht genießen, weil sie ständig an die Gefahr des Runterfallens denken muss.

Die Katze ist da ganz anders. Sie lebt im Jetzt. »Es geht mir gut, also fehlt es mir an nichts« ist das Credo der Katze. Das macht sie weise. »Es geht mir gut, aber es ging mir schlecht und es wird mir vielleicht noch schlechter gehen« ist das Credo des Menschen. Das macht ihn unweise, misstrauisch, ängstlich und verbittert. Die Maus sieht die Katze (Yin) und die Katze sieht die Maus (Yang). Die Maus flüchtet (Yin) und die Katze tötet sie trotzdem (Yang). Oder die Maus ist schneller (Yin) und die Katze guckt in die Röhre (Yang). Warum soll sich die Katze sorgen? Was interessiert sie das Morgen, was war in der Vergangenheit? Im Jetzt-Leben ist die Katze Meister.

Verehrte Katze: Wir möchten von dir lernen. Und wir lieben dich wie einen Guru. Nur schade, dass du so wenig mit uns Menschen sprichst, um uns deine Weisheit nahezubringen!

Sie hat ihren eigenen Lebensplan und setzt ihn auch um

Diese etwas gewagte These setzt natürlich voraus, dass die Katze überhaupt einen Lebensplan hat. Denn: Wer keinen Plan hat, der kann ihn auch nicht umsetzen. Wissenschaftler würden einwenden, dass die Katze keine Perspektive kennt, dass sie also nur im Hier und Jetzt lebt (siehe voriges Kapitel) und dass sie schon deshalb gar keinen »Plan« entwickeln kann. Das kann so aber nicht stimmen.

Unsere Katze ist ja durchaus dazu in der Lage, Pläne zu schmieden. Wenn sie zum Beispiel auf der Mäusejagd ist, dann macht sie sich einen Plan. Sie schleicht sich von der Seite an, wo die Maus sie nicht wittert oder sieht oder riecht. Ist das ein Plan? Natürlich! Oder sie lauert stundenlang vor einem Mäuseloch mit dem »Plan«, im richtigen Moment zuzuschlagen. Noch Fragen?

Von wegen, die Katze kann keine Pläne machen! Die plant ständig was. Sie muss eventuell sogar mehr planen als der Mensch. Denn sie hat keine Gewerkschaft, die für sie kämpft. Sie hat keinen Arbeitsvertrag, der ihr zumindest bis zur nächsten Kündigungswelle genügend Fressen garantiert. Der menschliche Arbeitnehmer muss doch nicht ständig Pläne machen, wo morgen sein Fressen herkommt. Das kommt schon. Die Katze hingegen kriegt von alleine gar nichts – außer dem, was ihr der menschliche Sklave vielleicht und hoffentlich hinstellt. Ansonsten ist sie auf sich angewiesen. Und das soll funktionieren, ohne dass die Katze einen *Plan* hat? Niemals.

Es steht also außer Frage, dass die Katze Pläne schmieden kann. Die Frage ist nun aber, ob sie das auch *langfristig* tut, ob sie also einen *Lebensplan* hat. Hier sind wir auf Vermutungen angewiesen, da es zu diesem Thema keinerlei wissenschaftliche Erkenntnisse gibt. Und wie immer bei solchen Fragen ist es eine gute Idee, die Katze einfach zu beobachten und daraus Rückschlüsse auf ihre Befindlichkeit zu ziehen.

Ganz unwissenschaftlich: Die Katze hat zweifellos den Plan, den Rest ihres Lebens mit uns zu verbringen. Deshalb schmust sie um unsere Beine herum, zeigt ihr Wohlbefinden und ehrliche Freude, wenn sie uns begrüßt. Das alles drückt aus: »Hier geht es mir gut, hier fühle ich mich prächtig und von hier wird mich nichts und niemand vertreiben!« Kommt eine zweite Katze oder ein Hund dazu, gibt es nur zwei Möglichkeiten: Entweder sieht die Katze ihr schönes Leben gefährdet – dann gibt es Krieg. Oder sie hält den neuen Mitbewohner für eine Bereicherung – dann herrscht der schönste Friede, den man sich vorstellen kann. Sicher hat die Katze keinen Zeitbegriff, keine Uhr, keine Vorstellung von gestern, heute und morgen. Aber gerade weil das so ist, verliert die Zeit als Maßeinheit ihren Wert. Dann aber ist die Frage, ob sich der Katzenplan wirklich auf den verbleibenden Lebensabschnitt bezieht oder nur auf das Hier und Jetzt, falsch gestellt. Dann ist das Hier und Jetzt der verbleibende, weil überschaute Lebensabschnitt.

Spätestens jetzt wird es philosophisch! Machen wir Menschen uns nur deshalb so viele Sorgen um die Zukunft, weil es »Zukunft« überhaupt in unserem Bewusstsein gibt? Lebt also im Umkehrschluss ein Lebewesen, dem der Wackerstein des Wissens um die Existenz der Zukunft nicht am Hals hängt, grundsätzlich sorgenfreier und damit glücklicher? Warum hat der liebe Gott uns dann aber mit der Fähigkeit (bzw. der Last) ausgestattet, um die Zukunft als real gestaltbaren Zeitraum von jetzt bis x zu wissen? Sollten wir nicht die Krone der Schöpfung werden? Plötzlich scheint es, als hätte er uns im Überschwang des Schöpfungsprozesses mit zu vielen weitsichtigen Eigenschaften ausgestattet. Ungefähr so wie ein autoverrückter Mensch in seine Karre alle möglichen Extras und noch ein paar mehr einbaut und hinterher feststellt, dass die Batterie für den ganzen Schnickschnack nicht ausreicht und deshalb ständig leer ist. Dann jedoch wäre nicht der Mensch die Krönung der Schöpfung, sondern die Katze. Weil sie in der glücklichen Lebenslage ist, dass ihre Zukunft hier und jetzt stattfindet und jenseits dieses überschaubaren Zeitraums nichts mehr sorgenvoll geplant und bedacht werden muss.

Übrigens ist es ganz logisch, dass in einem Buch mit dem Titel »111 Gründe, Katzen zu lieben« derlei Erwägungen und Gedanken vorkommen. Die Katze lädt uns dazu ein, nicht nur über sie, sondern auch über das Leben an sich nachzudenken. Sie ist ein philosophisches Tier. Ich kann mir Sokrates sehr gut mit einer Katze vorstellen. Auf einem Hundespielplatz sehe ich ihn eher nicht. Er sitzt ungefähr 389 vor Christus in Athen vor seiner bescheidenen Hütte, denkt darüber nach, ob er sich rechtlich gegen den zu erwartenden Schierlingsbecher zur Wehr setzen sollte (Zukunftssorgen! Schon wieder! O Sokrates), er beschließt, das Fehlurteil gelassen zu akzeptieren und seinem sokratischen Leben ein rasches Ende zu bereiten, und streichelt dabei eine Katze.

Sicher keinen Hund. Übrigens gibt es im Internet ein Katzenforum, in dem die Frage gestellt wird: »Warum heißen so viele Katzen Sokrates?« Eine Antwort (von »kleine maus88«) lautet: »Ich denke, dass Sokrates ein beliebter Katzenname ist, weil eben Sokrates als Philosoph mit Weisheit in Verbindung steht und Katzen aufgrund ihres Verhaltens ab und an den Eindruck machen, als wüssten sie viel mehr als die Menschen.« Super! Könnte aus diesem Buch sein!

Manchmal
schiebt sie den Seelen-Blues

Denkt die Katze über den Menschen nach, so wird sie manchmal traurig. Dann schiebt sie den Seelen-Blues. Sie weiß doch, wie alles laufen könnte. Nur der Mensch macht immer so viele Fehler.

Wurde die Katze im vorigen Kapitel mit Sokrates verglichen, muss man dies eigentlich gleich korrigieren: Viel mehr Ähnlichkeit hat sie nämlich mit Diogenes, dem alten Halunken, dem ersten prominenten Hippie, dem Verweigerer jedweder menschlichen Kultur. Der vermutlich 391 v. Chr. geborene Philosoph schob auch ständig den Seelen-Blues. Jean-Léone Gérôme hat 1860 ein ziemlich bekanntes Bild gemalt, das Diogenes vor seiner Tonne mit lauter Hunden zeigt, und dabei hat er doppelt geirrt: Erstens lebte Diogenes niemals in einer Tonne (es wurde nur mal so vom alten Seneca dahingesagt, dass Diogenes angesichts seiner defätistischen Einstellung doch gleich in eine Tonne hätte ziehen können), und zweitens lebte er garantiert nicht mit Hunden, sondern mit Katzen zusammen.

Diogenes von Sinope, Schüler von Anthistenes, der wiederum ein Schüler von Sokrates war, liebte Katzen ganz zweifellos. Der Katze sind Regeln zuwider. So wie ihm. Er onanierte öffentlich auf dem Marktplatz und als er darauf angesprochen wurde, meinte er trocken: »Wie wäre es schön, wenn man auch durchs Streicheln des Bauches den Hunger vertreiben könnte!« Er kackte – Verzeihung – gern überallhin und kommentierte das mit den Worten: »Nichts, was menschlich ist, kann verkehrt oder zum Schaden sein.« Er war wild, stolz, unbändig und gleichzeitig total geerdet, außerdem stets respektlos. Als Alexander der Große ihn einmal besuchte, sagte er ungerührt: »Geh mir ein wenig aus der Sonne.« Woraufhin Alexander sagte: »Wäre ich nicht Alexander, möchte ich Diogenes sein.« Würden wir Katzenfreunde das nicht bestätigen? »Wären wir keine Menschen, möchten wir eine Katze sein.« Andersherum passt es allerdings nicht, denn die Katze möchte keinesfalls ein Mensch sein.

Gleichzeitig war Diogenes ein Genießer, ein Womanizer, ein exzellenter Weinkenner und ein grandioser Zyniker. Ha, sagen jetzt die Oberlehrer: Weiß der Autor dieses Buches denn nicht, wovon sich der Name »Zyniker« ableitet? Von »Kyniker«, und das kommt von »Kyon«, altgriechisch, und das heißt ausgerechnet »Hund«! Die Menschen im alten Athen nannten Diogenes wegen seiner anspruchslosen Lebensweise nicht etwa »Katze«, sondern »Hund«, und das empfand der stadtbekannte Obdachlose als Kompliment und nannte sich künftig »Kyniker«!

Alles Quatsch. Anthistenes, der Lehrer von Diogenes, übte den schweren Beruf des Philosophen bekanntlich in einem Dorf namens Kynosarges aus. *Deswegen* nannte Diogenes sich einen »Kyniker«. Und nicht, weil er etwa Hunde liebte. Nee nee: Diogenes muss einfach ein Katzenfreund gewesen sein. Und zwar einer, der seinen Blues das ganze Leben lang schob. So, wie die Katze es auch manchmal tut.

Sie hat ihren eigenen Kopf

Was macht einen guten Hund aus? Er gehorcht. Was macht eine gute Katze aus? Sie gehorcht nicht. Deswegen sind Hundefreunde und Katzenfreunde nicht so richtig kompatibel. Sie legen einfach auf andere Eigenschaften Wert. Das lässt natürlich Rückschlüsse auf die Hunde- bzw. Katzenfreunde selber zu. Deswegen sind mir persönlich Menschen am liebsten, die *sowohl* Hunde- *als auch* Katzenfreunde sind.

Wer Hunde *und* Katzen liebt, behandelt seine Tiere ganz unterschiedlich. Von den Hunden erwartet man einfach, dass sie auf Kommando »Sitz« machen. Von der Katze erwartet man das nicht. Deswegen hat die Katze kein schöneres Leben als die Hunde, im Gegenteil: Sie muss schließlich weitgehend selbst für ihr Futter sorgen (zumindest bei uns zu Hause), was die Hunde nicht müssen, und die Frage der Futterbeschaffung ist für alle Tiere eine der zentralen. Es ist Luxus, wenn man nicht selbst fürs Fressen sorgen muss. Die Katze dürfte die Hunde also um dieses Privileg, dass sie nicht selber für ihr Futter sorgen müssen, glühend beneiden. Andererseits würde sie sogar für das feinste Futter niemals gehorchen und noch nicht einmal so tun, als wenn sie gehorchen würde. Die Katze hat einen Dickkopf, der nicht zu brechen ist. Entweder kommt sie angedackelt (oder sollte man sagen: »angekatzelt«?), dann aber aus freiem Willen, oder sie lässt es. Das ist ein Riesenunterschied zum Hund! Auch die Katze kommt mal an, um sich ein schnelles Leckerli zu schnappen und dann wieder zu verschwinden, aber sie ist ganz anders als der Hund. Sie unterwirft sich nicht gern.

Die Katze lässt ihren Menschen oft links liegen und guckt einfach an ihm vorbei. Sie zeigt ihm ihr Hinterteil und demonstriert damit, dass er – der Mensch – ihr zur Zeit »am A... vorbeigeht«. Sie kann schmollen und hochnäsig tun. Sie kann den Menschen durch Missachtung bestrafen oder ihm ihre Leutseligkeit zeigen. Sie kann so kratzbürstig sein, dass es wehtut. Sie kann aber auch gleich wieder »angekatzelt« kommen und sagen: »Och, das hab ich doch nicht so gemeint!« Weil die Katze so viele verschiedene Ausdrucksweisen zur Verfügung hat, spricht man ja auch so gern mit ihr. Man erzählt ihr etwas, und sie antwortet. Mit bestimmten verschiedenen »Miaus«, mit der ganzen Körpersprache, mit dem Schwanz und mit dem schief gehaltenen Köpfchen drückt sie aus, was sie uns sagen will. Katzen sind der ideale Partner für den Menschen! Aber keine unterwürfigen Hausgenossen. Sondern eben welche mit ihrem eigenen Kopf. Und auch deshalb lieben wir sie!

Sie ist so herrlich egoistisch

Beim Hund hofft man ja wenigstens, dass er im Fall des Falles – also wenn man als Mensch in Not gerät – irgendwelche Beschützerinstinkte bei sich entdeckt. Bei der Katze kann man so etwas getrost vergessen. Die Katze denkt nämlich nur an sich. Aber halt: Das stimmt so auch wieder nicht. Bei Feuer, Erdbeben oder Erdrutsch kommt es durchaus vor, dass die Katze ihre Menschen erst weckt, bevor sie sich selbst in Sicherheit bringt. Viele Fälle sind überliefert, wo die Menschen ihrer Katze ihr Leben verdanken! Und in manchen besonders tragischen Fällen hat es die Katze selbst dann nicht mehr hinaus geschafft.

Aber solche Geschichten, wo die Katze erst ihre Menschen mit heftigen Tatzenhieben ins Gesicht weckt nach dem Motto: »Wach auf, du Depp, dein Haus brennt!«, und sich dann erst selber in Sicherheit bringt, sind eher selten. Die meisten Katzen hauen ab, wenn es brennt oder wenn sie spüren, dass gleich die Erde beben wird. Und das tun sie ja auch vollkommen zu Recht, denn das Haus bewachen ist nicht der Job der Katze. Auch das unterscheidet sie vom Hund, an den man naturgemäß andere Ansprüche stellen würde (»zu irgendwas muss er doch nützlich sein …«). Die Katze ist ein liebenswerter Egoist. Sie ist offenbar mehr auf sich als auf den Menschen fixiert, ja: Sie betrachtet sich selbst als den Nabel der Welt, um den sich alles zu drehen hat. Geht es ihr gut, ist die Welt in Ordnung. Geht es ihr nicht gut, macht sie Rabatz. So lange, bis die Welt wieder in Ordnung ist.

Uns Menschen macht das ein wenig neidisch. Vor allem Frauen haben die Angewohnheit, sich ständig um andere zu sorgen und zu bemühen. Sie haben das Helfer- oder Krankenschwestern-Syndrom und glauben immer, dass sie für alles verantwortlich sind. Dann schauen sie der total egoistischen Katze zu und denken: So wärst du auch gern! Eine selbstverliebte Lady mit Allüren, nach denen sich die anderen zu richten haben. Nie mehr ausgenutzt, unter Wert verkauft, als Putze benutzt, als seelischer Mülleimer allemal gut genug und keiner interessiert sich für deine eigenen Wünsche und Sehnsüchte. Alles dreht sich um die Katze – wann endlich dreht sich alles um die Frau?

So denkt man und lernt von der Katze, wie gesunder Egoismus funktioniert. Das ist archaisch, hat sich in Tausenden Jahren nicht geändert, hat nichts von Emanzipation oder Gleichberechtigung, ist irgendwie auch unmoralisch, jedenfalls frech, selbstsüchtig und unglaublich dekadent. »Du glaubst doch nicht, dass *ich* jedes x-beliebige Fressen nehme.« »Die Kohle ist knapp? *Ich* soll doch wohl nicht darunter leiden?« »Es gibt Futter, das nur halb so viel kostet? Igitt. Nicht mit *mir!*« »Das ist mir egal, wie du mich finanzierst. Thunfisch mit frischer Petersilie aus dem Feinschmeckerregal oder gar nichts, und dann verhungere ich! Und das ist dann *deine* Schuld!« Wie bereits gesagt: Die Katze wäre bestimmt nicht gern ein Mensch. Aber der Mensch wäre manchmal gern eine Katze.

Elitär wie die Queen, nur viel direkter

Das Schöne an der Katze ist, dass sie keinerlei moralische Skrupel kennt. Ihre eigenen Jungen leckt sie liebevoll ab, aber elternlose Jungtiere anderer Rassen killt sie gnadenlos. »Na und? Sind doch nicht meine!« Ein Hund ist da unter Umständen sozialer eingestellt. Unsere Hunde nehmen elternlose Hasenbabys jedenfalls vorsichtig in die Schnauze und tragen sie quer durch den Garten, um nett mit ihnen zu spielen. Manch ein Hasenbaby mag sich danach zwar wünschen, es wäre gleich gestorben – aber der gute Wille ist doch wenigstens da. Bei der Katze nicht! Die freut sich mächtig, dass sie ihre Jahrtausende alten Instinkte und Triebe mal wieder so richtig ausleben darf, auch wenn sie ansonsten total harmlos ist: jagen, töten, als Trophäe ablegen. Ha, ist das nicht geil?

Beim Sexleben geht es genauso gnadenlos ab. Der Kater hat angesichts der sehr gut riechenden Katze keinerlei Hemmungen, aufs nette Vorspiel zu verzichten. Er tut's einfach, und nicht nur er: Sein Kumpel ist gleich mitgekommen und hat noch einen Kumpel mitgebracht. Da ist es nur gut, dass die Katze erstens sehr schnell, zweitens äußerst trainiert und drittens mit einer Ortskenntnis gesegnet ist, die den drei gierigen Deppen fehlt. Quer über die Fallobstwiese geht die wilde Jagd, den Apfelbaum rauf und den Pflaumenbaum runter, rüber zum alten Schuppen, im Flug durch das winzige Loch zwischen den brüchigen Ziegeln, übers Kaminholz, vorne wieder raus, die eine Weide hoch, die andere wieder runter, und wenn gar nichts mehr hilft und die drei sie fast schon am Wickel haben, schlüpft sie durch die Katzenklappe, setzt sich direkt dahinter und teilt von innen ihre kräftigen Hiebe aus an jeden, der auch nur den Kopf durchsteckt. Bis die Kater blutend und wundenleckend schmerzlich miauend das Weite suchen.

Zärtlichkeiten des Menschen nimmt die Katze huldvoll hin wie die Queen das Fähnchenschwingen der Londoner Bevölkerung. Nur ist sie viel direkter als die Queen. Elizabeth II. würde sich zum Beispiel niemals auf den Rücken legen und wohlig stöhnend alle viere von sich strecken, nur weil so viele begeisterte Menschen ihr vorm Buckingham-Palast zuwinken. Daran ist die Queen gehindert durch die sogenannten »guten« Sitten, an die sie sich zu halten hat. Die Etikette steht ihr irgendwie im Wege.

Die Katze hingegen kennt keine Etikette, keine Hemmungen, keine Verpflichtungen, keine Rücksichtnahme und keine moralischen Bedenken. Sie hat kein Problem damit, ihre überbordende Freude mit *allen* Sinnen (und Gliedmaßen) gleichzeitig zu zeigen. Hinkt sie der Queen entwicklungstechnisch betrachtet hinterher oder ist sie ihr weit voraus? Darüber kann man lange diskutieren.

Sie hat ihre Geheimnisse

Würden Sie sagen, dass Sie Ihre Katze kennen? Richtig gut? Sie wissen natürlich, wie Ihre Katze reagiert, und Sie wissen auch, was gut für sie ist. Wo man sie kraulen sollte, wann sie zickig ist, was sie am liebsten frisst und wie man ihr eine Freude machen kann. Sie wissen, wo das Katzenklo zu stehen hat und welche Etage vom Kratzebaum die Katze bevorzugt, Sie kennen ihre Lieblingsverstecke, und Sie können sich natürlich wunderbar mit ihr unterhalten.

Aber ich wette, dass Ihre Katze trotzdem Geheimnisse hat, die Sie vielleicht niemals ergründen werden. Es gibt da so einen blöden Witz: Unterhalten sich zwei Katzen. Sagt die eine: »Meine Menschen sind nachlässig geworden. Sie machen mein Katzenklo nur noch einmal täglich sauber statt zweimal.« Sagt die andere: »Schreib ihnen doch mal einen Brief.« Antwort: »Nee. Wenn die erfahren, dass ich schreiben kann, darf ich auch noch ihre Buchhaltung machen.«

Da ist was dran: Die Katze weiß nämlich viel mehr, als sie zu wissen vorgibt, und man darf dahinter getrost eine Idee vermuten, einen Plan, eine kluge Berechnung.

Denn die Katze an sich ist ein faules Tier. Sie versucht gern, Arbeit an den Menschen zu delegieren. Siehe zum Beispiel die aufwändige Jagd: Natürlich könnte sie selbst für ihr Fressen sorgen! Aber faul sitzt sie auf der Fensterbank und lässt sich gern was bringen. Den Weg zum Napf findet sie noch, aber dann ist auch gut. Würde der Mensch sie unversehens aussetzen und sagen: Nun sieh doch mal zu, wo du dein Fressen herbekommst!, würde die

Katze nach einigem Lamentieren und herzzerreißender Litanei am (verschlossenen) Fenster irgendwann selbst auf die Jagd gehen und wäre in kürzester Zeit satt.

Die Katze hat aber noch mehr Geheimnisse, die sie lieber für sich behält. Woher hat sie ihre innere Uhr, die ihr sagt, wann ich nach Hause komme? Früher dachte ich, dass sie das Geräusch meines Autos frühzeitig erkennt, aber das kann nicht sein: Sie sitzt auch dann erwartungsfroh vor der Tür, wenn ich mit der Taxe komme. Wie spürt die Katze das nahende Gewitter? Wie unterscheidet sie Donner von Fluglärm? Woher weiß sie so genau, dass ihre Erzfeinde (unsere Hunde) zwar den Gartenstuhl beiseitefegen können, unter den sie sich retten wollte, aber nicht das Auto verschieben können und mit ihren 70 Kilo auch niemals darunter kriechen werden? Und dann die Jagd: Keine Katze würde jemals eine Maus fangen, die ja bekanntlich nicht gerade langsam ist, wenn die Katze nicht ganz genau wüsste, in welcher Richtung die Maus gleich abhauen wird. Wahrscheinlich ist es so: Der Mensch hat alles verlernt von seinen uralten Fähigkeiten und Trieben, die Maus hat vieles davon verlernt (ihr Pech), und die Katze hat – dazugelernt. So betrachtet, steht die Katze ganz oben auf der Liste der überlebensfähigen Wesen. Weit über der Maus. Und über dem Menschen sowieso.

Manche Menschen glauben ja, dass eines Tages die Ratten unsere Welt beherrschen werden. Erstens sind sie uns zahlenmäßig überlegen, zweitens sind sie nicht so verwöhnt und kommen im Dschungel der Großstadt viel besser zurecht, drittens leiden sie nicht unter der angezogenen Bremse einer mühsam anerzogenen Moral*, und viertens sind sie äußerst klug. Katzen sind uns zahlenmäßig zwar nicht überlegen (auf jeden zehnten Deutschen kommt eine, die wilden allerdings nicht mitgerechnet), verwöhnt sind die

---

* Ich bin ein Verfechter von hohen moralischen Ansprüchen. Aber manchmal sind sie fürs eigene Überleben oder das der Sippe hinderlich. Ratten schicken bekanntlich einen aus ihrer Gang vor, um unbekanntes Fressen zu testen. Stirbt der, frisst keiner. Sehr moralisch ist das jedenfalls nicht, oder?

meisten auch, aber im Großstadtdschungel finden sie sich sehr gut zurecht. Moral kennen sie auch nicht. Und klug sind sie ebenfalls. Vielleicht wird die Welt ja eines Tages doch von Katzen beherrscht. Lieber als die Ratten wären sie mir schon.

Sie ist so, wie jede Frau gern wäre

Ein bisschen Model (der Laufsteg heißt ja nicht zufällig »Cat-walk«). Ein bisschen Diva. Die feine Lady sowieso. Der frivole Vamp auch. Selbstbewusst bis zum Gehtnichtmehr. Anschmiegsam, wenn der Richtige kommt. Süchtig nach Luxus und belastbar, wenn es sein muss (in wie vielen Partneranzeigen von Single-Frauen steht was von »bin vorzeigbar in Jeans und Abendkleid«?). Eigenwillig und kapriziös, hochintelligent und auf jeden Fall besser als die billige Schlampe von nebenan. Getrieben von Sehnsüchten und Träumen. Geliebt von der ganzen Familie, ach je, was heißt hier »geliebt«: verehrt, vergöttert und noch mehr!

Es gibt wirklich sehr viele Parallelen zwischen der Katze und der Frau, so wie sie sich gern sehen möchte und wie sie sich an guten Tagen im Spiegel auch tatsächlich sieht. Aber an schlechten Tagen, wenn die Frau sich so überhaupt nicht leiden kann und die ganze triste Welt aus Cellulite, ersten Fältchen und grauen Haaren zu bestehen scheint, und wenn sie sich eingestehen muss, dass sie dem Partner schon wieder auf den Leim gegangen ist, anstatt ihm die Meinung zu geigen: An solchen Tagen, die man besser aus dem Kalender streichen sollte, beneidet die Frau ihre Katze glühend und wünscht sich, so wie sie zu sein.

Die Katze verliert nie die Fassung und gibt sich nie eine Blöße. Die Katze watschelt nicht, sie schreitet. Die Katze umgibt sich mit genau der geheimnisvollen Ära, die jede Frau so gern um sich hätte. Die Katze fällt nie auf den Falschen rein, sondern sie zieht ihm ihre Krallen durchs Gesicht. Die Katze lässt sich niemals fallen und wacht erst vom harten Aufschlag auf, sondern wenn sie fällt, dann steuert sie das elegant und zielgerichtet. Die Katze ist unnahbar, die Frau ist es leider nicht immer. Die Katze ist alleine glücklich. Die Frau ist immerzu auf der Suche. Die Katze glaubt, dass sich alle um sie kümmern müssen. Die Frau glaubt, dass sie sich um alle kümmern muss. Die Katze ist vollkommen. Die Frau ist es leider nicht. Ein bisschen Katze steckt allerdings in jeder Frau. Und wehe, wenn die Katze in der Frau die Oberhand gewinnt (was hin und wieder passiert): Dann haben die Männer nichts mehr zu lachen. Dann führt der nächste Weg zum Scheidungsanwalt. Dann fliegen die Teller tief. Dann entdeckt die Frau plötzlich, was in ihr steckt. Dann fährt auch sie die Krallen aus.

Aber würde sie das glücklicher machen? Ja.

Sie passt sogar zu starken Männern

Männer und Katzen, das geht eigentlich gar nicht. Auf den ersten Blick ist es ja so, dass Katzen eher was für Frauen sind. Die Gründe haben wir bereits geschildert. Stellen Sie sich einmal vor, Sie als Frau haben ein Blinddate mit einem Mann und finden ihn ganz spannend. Also daraus könnte etwas werden. Er scheint sein Leben im Griff zu haben und macht wohl auch ganz gut Kohle. Irgendwann im Laufe des Abends – er erwies sich bisher als charmant und höflich, fragte viel nach und hörte gut zu – möchten Sie nun auch etwas von ihm erfahren. Also fangen Sie ihrerseits an, ihn auszuhorchen. Er spricht auch ehrlich und offen von allem, was ihm am Herzen liegt. Und dann – erzählt er begeistert von seiner *Katze*???

Instinktiv werden Sie an dem Typen herunterschauen, ob Sie vielleicht seine Jesuslatschen übersehen haben. Das kann doch kein echter Kerl sein, der *Katzen* liebt! Das muss ein WG-Öko sein, ein Weichei, ein Mülltrenner, ein In-der-Stadt-nie-schneller-als-50-Fahrer, ein Als-Vater-auf-dem-Spielplatz-Abhocker, ein Mit-zum-Schwangerschaftskurs-Geher, ein Gutmensch, der wahrscheinlich Grün wählt und vermutlich auch noch Lehrer ist!

Natürlich haben Sie nix gegen WG-Ökos, Mülltrenner, Tempo-50-Fahrer, Spielplatzmänner, Schwangerschaftskurs-Begleiter, Gutmenschen, Grünwähler und Lehrer: Aber möchten Sie wirklich neben einem davon aufwachen, womöglich noch neben allen zusammen, vereint in einem einzigen Mann?

Der Mann und die Katze, das ist für die Katz. Zu weiblich ist die Katze, auch wenn sie ein Kater ist. Zu sehr widerspricht das Wesen der Katze dem Bild, das eine Frau von ihrem Wunschpartner hat. Da fällt sie zurück in die archaischen Regeln der Partnersuche: Er soll jagen gehen und Katzen eher am Spieß braten, als mit ihnen zu kuscheln. Er muss hinaus in die feindliche Welt. Wie soll ihm da eine *Katze* behilflich sein? Hätte er jetzt von seinem *Hund* erzählt: wie er dem gerade mühsam etwas Neues beigebracht hat und wie schön es war, als er letztes Wochenende mit Hund und Scheidungskind am Baggersee zeltete und am Lagerfeuer Bratwürste von Lidl röstete – Sie wären begeistert gewesen und wären in dieser ersten Nacht nach dem Blinddate lächelnd eingeschlafen.

Aber nun erzählt der von seiner *Katze*. Und das passt irgendwie nicht zu dem Traummann, nach dem Sie sich nach so vielen Enttäuschungen sehnen. Ein richtiger Mann, so durchzuckt es Sie wie ein Blitz, ein richtiger Mann hat einfach keine *Katze*.

Und sehen Sie, genau da liegt das Problem: Sie wollen doch gar keinen Mega-Macho! Sie wollen den Mix aus harter Schale und weichem Kern, aus Beschützer und Frauenversteher, aus starker Schulter und zarter Sensibilität. Mit seiner Katzenliebe zeigt der Mann Ihnen seine weiche Seite. Was nicht bedeutet, dass er keine harte hat!

Männer und Katzen können durchaus etwas miteinander anfangen. Gute Männer sind durchsetzungsstark (Katzen auch), sensibel (Katzen auch), kreativ im Erreichen ihrer Ziele (Katzen auch), schön sportlich und durchtrainiert (Katzen auch, die meisten jedenfalls), ziemlich verspielt und bestenfalls sehr anhänglich, aber doch immer eigenständige Wesen (Katzen auch). Wenn sie also Ihren Traummann beschreiben, können Sie dabei ruhig an Ihre Katze denken!

KAPITEL 6

Die Katze als Seelentröster

Ihre Liebe schmeichelt uns

Liebe ist etwas sehr Egoistisches. Das ist den meisten Menschen nur nicht bewusst. Dabei ist es doch in Wahrheit so: Man liebt nicht zuletzt deswegen, weil der andere einem selbst sehr guttut! Das gilt nicht nur für Mensch/Mensch, sondern auch für Mensch/Katze. Also warum soll man nicht ganz ehrlich zugeben, dass die Katze einfach gut für uns Menschen ist und genau deshalb das ideale Haustier, die ideale Partnerin?

Wenn so eine Katze uns um die Beine schmust und zärtlich miaut, wenn sie uns auf diese Weise ihre (ebenfalls sehr egoistische) Liebe zeigt, dann sind wir stolz und wir fühlen uns geschmeichelt. Würden wir von der Arbeit kommen und die Katze würde auf den Kleiderschrank springen und fauchen, dann wäre uns das nicht so recht. Natürlich streicht die Katze nicht nur aus purer Liebe und Zuneigung um unsere Beine herum, sondern sie hat Hunger und weiß genau, wer ihr gleich etwas zu fressen bringen wird. Oder sie hat sich den Tag über gelangweilt und jetzt ist eben jemand da. Es ist ihr vielleicht ganz egal, ob wir das sind oder die Nachbarin oder eine Maus oder ein Hund oder eine andere Katze. Sie freut sich einfach, dass Action angesagt ist.

Wir Menschen kennen derlei Bedenken natürlich, aber im Grunde sind sie uns egal. Wir freuen uns, dass wir das Schmusen der Katze als Liebesbeweis einschätzen können und fühlen uns geschmeichelt, weil sie uns doch sehr liebt. Oder zumindest zu lieben scheint. Oder dass sie wenigstens so tut, als wenn sie uns liebt.

Ist doch egal, oder? Liebe ist Liebe!

Sie vertreibt die Einsamkeit

Ich habe doch niemanden mehr außer meiner Katze.« Wie oft hat der Autor dieses Buches das schon gehört! Vorwiegend von älteren Witwen. Der geliebte Mann ist längst tot, die Kinder sind aus dem Haus, die Nachbarn kennt man nicht, die Beine wollen nicht mehr, und die Welt ist so schnell geworden. Man kommt da nicht hinterher und auch nicht mehr so leicht die Treppen rauf, also ist man meistens zu Hause. Dort wartet nichts und niemand außer der Einsamkeit.

Jetzt aber kommt die Katze ins Spiel. Wie schön, wenn man eine hat! Und wie schön, wenn man noch in den »guten« Zeiten auf die Katze gekommen ist!

Sie ist der treueste Wegbegleiter, den man sich denken kann. Sie wartet auf einen, sie freut sich, und wenn man nicht da ist, dann trauert sie. Wie ein Partner scheint sie zu fragen: »Wo warst du denn so lange?«, und schon fühlt man sich von jemandem vermisst. Man kann ihr auch alles erzählen. Nie wird ihr langweilig. Sie hört sehr aufmerksam zu. Anspruchslos ist sie auch, denn eigentlich braucht sie nur ihr Futter, das Wasser und das Katzenklo. Wer eine Katze hat, der ist nicht mehr einsam. Die Katze vertreibt die Einsamkeit sogar.

Jetzt soll man aber nicht geringschätzig sagen: Ich werde nie so einsam sein, dass ich auf die Kameradschaft einer Katze angewiesen bin. Ich habe doch Freunde, ich bin geachtet, werde bewundert und stelle etwas dar! Ohne mich kann man nicht. Ich stehe im Zentrum des Geschehens. Ich bin wichtig.

All das sind Gedanken, die nur die Katze haben darf. Der Mensch sollte etwas bescheidener sein. Jeder Mensch erlebt Hochs und Tiefs. Immer oben ist man nie. Und wenn man unten ist – dann ist eine Katze der beste Freund, den man haben kann.

Mit ihr wird es niemals langweilig

Die Katze kennt keine Zeit. Wenn sie eine Maus-Attrappe an der Angel jagt und 111-mal feststellt, dass die Maus schneller ist als sie, dann wird sie auch ein 112. Mal versuchen, die kleine Beute zu schnappen. Wo es aber kein Zeitgefühl gibt, da wird die Zeit auch nicht lang. Und deshalb vergeht der Tag mit Katze viel schneller als der Tag ohne Katze.

Das wird niemanden interessieren, der ohnehin schon unter Zeitmangel leidet. Wenn man sich die Stunden, die man für sich selber hat, mühsam erkämpfen muss, dann kann man mit diesem Kapitel vielleicht nicht so viel anfangen. Aber für viele Menschen will der Tag überhaupt kein Ende nehmen! Niemand ruft an, niemand klingelt an der Tür, die Nachbarn kennt man nicht, die Verwandten sind weit weg oder schon tot. Eigentlich ist man selber auch schon reif für die eigene Bestattung. Nur hat der liebe Gott das noch nicht vor. Er lässt einen warten. Da sitzt man zu Hause und bereitet sich die Mahlzeiten zu und guckt die Lieblingssendungen im Fernsehen, um wenigstens noch einen festen Lebensrhythmus zu haben. Der Mensch braucht einen Halt. Dem vereinsamten Menschen mit Katze geht es aber viel besser als dem vereinsamten Menschen ohne Katze.

Die Katze fordert, sie stellt Ansprüche und lässt einen gar nicht zur Ruhe kommen!

Stundenlang möchte sie gekrault werden. Dann hat sie Hunger. Sie verrichtet ihr Geschäft und man muss es mit der Schaufel aus dem Katzenklo nehmen. Sie möchte spielen oder entdeckt etwas Spannendes im Garten oder auf dem kleinen Balkon. Sie ist müde und geht schlafen. Sie wacht wieder auf und meint, dass man nur darauf gewartet hat.

Ihr eigener Rhythmus macht unseren Rhythmus nebensächlich. Sie ist so fordernd, dass man sich einfach auf sie einstellt! Natürlich könnte man auch ein Nachbarskind in Pflege nehmen oder den Hund von nebenan Gassi führen: auch keine schlechte Idee, um dem eigenen Leben wieder einen Sinn zu geben. Aber viele Menschen können das ja körperlich nicht mehr schaffen. Sie kommen kaum noch die Treppe rauf, geschweige denn können sie einem Hund hinterherjagen. Da ist die Katze genau der richtige Partner! Wohl dem, der eine hat – Langeweile ist für ihn oder sie künftig jedenfalls ein Fremdwort …

Sie nervt überhaupt nicht

Zum Beispiel bellt sie nicht, wenn es an der Tür klingelt. Und sie ist auch sehr dezent. Viele Menschen schmuggeln ihre Katze in Mietwohnungen hinein, wo Tierhaltung eigentlich verboten ist – und jahrelang merkt es keiner. Zweitens kann die Katze sehr gut längere Zeit alleine bleiben. Zwar ist sie dann beleidigt, aber sie beschäftigt sich ganz gut auch ohne Mensch. Auf dem Dorf kann die Katze wählen, ob drinnen oder draußen für sie besser ist (ein Lob an den Erfinder der Katzenklappe!). Dort ist sie manchmal tagelang unterwegs, findet aber immer wieder den Weg nach Hause zurück (jedenfalls wollen wir das doch hoffen).

Anspruchslos ist sie, obwohl sie sich selbst für ein höheres Wesen hält: Futter, Schlafplatz, Kratzbaum und Katzenklo sind ihre Bedingungen. Das sind nicht viele. Und wenn es einen Garten gibt, dann braucht sie noch nicht einmal den Kratzbaum und verrichtet ihr Geschäft von Frühling bis Herbst vielleicht doch am liebsten unter der Hecke. Also, eine Katze nervt nicht und ist vor allem für Stadtwohnungen ganz ideal. Man sollte daraus aber keine falschen Schlüsse ziehen. Die Katze einfach so in die Wohnung setzen und sich dann nicht drum kümmern, das funktioniert keinesfalls. Die Katze will gefordert sein und braucht ihre Ansprache, ihre menschlichen Kontakte, ihre Zuwendung, ihre Pflege und durchaus auch ihre Erziehung! Sonst langweilt sie sich nämlich und fängt an, alles mögliche kaputt zu machen. Oder sie wird aggressiv, und das ist auch nicht schön.

Man wird niemals einen Katzenhalter finden, der sagt: »Die Katze nervt mich.« Ein Problem gibt es nur, wenn man sie nicht rechtzeitig kastrieren lässt und sie dann ungewollt schwanger wird: Schließlich sind Wohnungen in aller Regel nicht so groß, dass man einen ganzen Katzenwurf großziehen kann. Auch stinkt das letztlich doch ziemlich unangenehm, denn viele Katzen machen mehr Dreck als eine Katze. Und bei vielen Katzen ist meistens auch mindestens eine dabei, die sich überhaupt nicht benehmen kann. Also sollte man sich beim Tierarzt rasch erkundigen, wann die beste Zeit für diese kleine Operation ist und man wird ein ganzes Katzenleben lang die helle Freude an dem kleinen Schmusefreund haben.

Immer ist jemand zum Kuscheln da

Jeder Mensch braucht seine Streicheleinheiten und möchte selber welche verschenken. Wer nicht mehr schmust, dem erkaltet das Herz. Wer keine Liebe gibt und empfängt, der erfriert. Es dauert nicht mehr lange, dann leben in Deutschland mehr Singles als Menschen in einer Partnerschaft! Da sind zum einen die vielen Witwen, die ihre Männer überleben und aus tausend Gründen nicht mit ihren Kindern zusammenwohnen können. Da sind die vielen Geschiedenen auf der Suche nach einem neuen Partner. Und dann die Millionen junger Leute, die in unserer anonymen Welt einfach nicht den richtigen Partner finden.

Ja, wir entwickeln uns langsam zu einem Volk der Bindungslosen. Natürlich ersetzt die Katze nicht den Partner bzw. die Partnerin (auch wenn das bei vielen Katzenhaltern – leider – der Fall zu sein scheint[*]). Aber die Katze gibt uns die Möglichkeit, unsere Liebesbedürftigkeit in einen vernünftigen Kanal zu lenken! Wir haben plötzlich jemanden, mit dem wir schmusen können und bei dem wir auch unsere Traurigkeit getrost abladen können. Manchmal hilft es doch schon, wenn überhaupt jemand da ist, wer wüsste das nicht! Die Katze fordert es sogar von uns. Sie fühlt sich gar nicht wohl, wenn niemand mit ihr schmust. Zwar möchte sie immer selbst entscheiden, wann Schluss damit ist – aber Liebe kann sie viel vertragen, ja: Sie bekommt sogar niemals genug davon. Dafür gibt sie ja auch viel Liebe. Sie springt gleich vom Fensterbrett herunter, wenn man nach Hause kommt, streicht uns um die Beine,

---

[*] Gut ist das nicht. Eine Katze bleibt eine Katze und ist kein Menschenersatz.

miaut und freut sich. Hat man sie doch mal alleine gelassen, so zeigt sie sich äußerst beleidigt. Aber wenn sie Hunger hat, ist man wieder der liebste Mensch auf der ganzen Welt für sie …

Wir können ihr alles erzählen

Es ist paradox: Ausgerechnet die Sprachlosigkeit zwischen uns Menschen ist eines der größten Probleme, die wir in unserer kommunikativ durchorganisierten Gesellschaft haben. Jeder kann heute mit jedem kommunizieren. Fast jeder hat ein Handy, fast jeder ist im Internet, theoretisch ist alles möglich. Trotzdem wurde noch nie so wenig miteinander gesprochen wie heute. An Sprachlosigkeit kann man aber sterben. Und niemand weiß, wie viele Menschen tatsächlich daran zugrunde gehen.

Der Mensch ist nicht gemacht für die Sprachlosigkeit. In vielen Ehen wird sich nicht mehr unterhalten. Viele bleiben allein zurück, und dann ist gar keiner mehr da. Im Alter einen neuen Partner zu finden ist ein Glücksfall wie ein Lottogewinn. Aber in den seltensten Fällen passiert es tatsächlich. Es gibt Menschen, die sprechen nur noch mit der Kassiererin von Aldi! Denn die wünscht ihnen wenigstens einen guten Tag.

Wie traurig ist das? Wie oft passiert es? »Lieber Herr Brost«, schrieb kürzlich eine Rentnerin an den Autor dieses Buches, »ich habe bald Geburtstag und wünsche mir nichts so sehr, als von irgendjemandem einen Gruß zu bekommen. Ganz egal, von wem. Nur, es soll mir jemand schreiben. Denn ich bin so allein.«

Der Autor dieses Buches nahm diesen Fall als exemplarisches Beispiel für die weit verbreitete Sprachlosigkeit, die es in unserer Gesellschaft gibt und motivierte die Leser einer millionenfach gelesenen Tageszeitung, genau dieser Rentnerin sofort einen Geburtstagsgruß zu schicken. Die Sache eskalierte: Viele tausend Menschen schrieben, weltweit schalteten sich Radiosender ein,

Post kam aus Australien, Afrika, USA und sogar von Grönland. Die Menschen schickten Geschenke und backten Torten, eine Drehorgel spielte vor dem Haus der Rentnerin, das Fernsehen berichtete darüber und die Zahl der persönlichen Gratulanten vor der bescheidenen Wohnung der Rentnerin in einem Hamburger Arbeiterstadtteil sorgte sogar für einen Verkehrsstau. »Diesen Geburtstag werde ich nie vergessen«, stammelte die Rentnerin unter Tränen.

Aber sie war nur eine von Millionen, die niemanden zum Sprechen haben und sich doch so sehr danach sehnen! Die Katze kann uns zum Reden bringen. Wir können ihr wirklich alles erzählen, können unsere Sorgen bei ihr abladen, ihr unseren Kummer mitteilen und unsere kleinen Freuden. Den Streit mit der Nachbarin und das schöne Erlebnis im Park, die Diagnose vom Arzt und die guten Noten der Enkelkinder. Die Angst vor dem Tod und die Freude über die Meisen im Vogelhäuschen (bei letzterem Thema wird die Katze sogar besonders hellhörig, aber das hat natürlich einen ganz besonderen Grund).

Stets hört sie aufmerksam zu, spitzt die Ohren und scheint alles zu verstehen, was wir ihr erzählen. Wer eine Katze hat, der erlernt wieder das Sprechen! Der ist nicht mehr sprachlos. Denn die Katze fordert uns sogar dazu heraus, ihr etwas zu erzählen. Sie giert danach. Sie ist ein sehr kommunikatives Tier. Schweigen hingegen mag sie gar nicht gern. Dann wird sie nämlich zickig und kommuniziert mit den Krallen.

Wir sind sooo stolz auf sie

Machen wir uns doch nichts vor: So eine kerngesunde Katze mit seidigem Fell und strahlenden Augen, athletisch und keinesfalls zu dick, mit sauberen Ohren und einem gesunden Appetit, die schmeichelt unserem Ego. Man ist stolz auf so eine Katze, aber gleichzeitig ist man doch auch stolz auf sich selber! Der Nachbar hat eine, deren Fell ist verfilzt. Was ist das nur für ein Mensch, der seine Katze so verkommen lässt? Gegenüber wohnt eine, die ist aggressiv. Ja, geben die ihr denn nicht genug Liebe?

Das heißt immer auch gleichzeitig: *Wir* kommen mit unserer Katze sehr gut zurecht, *wir* pflegen unsere Katze. *Wir* lassen sie nicht verkommen. Und solche geheimen Gedanken sind vollkommen in Ordnung! Man *darf* stolz auf die eigene Katze sein, wenn man eine gute Katze hat. Die Katze hingegen erfüllt zwei Funktionen. Einerseits ist sie sich selbst genug und mächtig stolz, so schön und gepflegt zu sein. Andererseits ist sie auch gern der lebende Beweis dafür, dass *wir* mit Katzen gut umgehen können, ja: dass wir Katzenkenner sind.

Wenn sich zwei Katzenhalter begegnen, was ja relativ selten passiert (Hundehalter treffen sich viel öfter mit anderen, denn die Katze geht nun mal nicht an der Leine Gassi), wenn sich also zwei Katzenhalter mit ihren Katzen treffen – zum Beispiel am Zaun zu Nachbars Garten –, dann werden immer gleich Ratschläge erteilt. Das wird Ihnen auch so gehen, wenn sie mal einen anderen Katzenhalter treffen! Natürlich wissen Sie genau, was gegen diese oder jene kleine Katzenkrankheit zu tun ist. Wie man der Katze am besten ihre Ungezogenheiten abgewöhnt. Wie man sie dazu kriegt, dass sie dies tut und jenes lässt ... Wie man sie umgewöhnt ... Der Nachbar am Zaun hat mindestens ebenso viele Ideen aus eigener Erfahrung, und ich wette: Er will sie Ihnen unbedingt jetzt gleich mitteilen. Jeder hält sich für den Besseren. Jeder hat die Weisheit, wie mit der Katze umzugehen ist, mit der Muttermilch eingesogen. Sie natürlich auch. Ach je: ist doch egal! Hin und wieder nimmt man einen wirklich guten Tipp mit und kann ihn gleich ausprobieren. Im Gegenzug hat man mindestens drei Tipps vertraulich weitergegeben, und man ist ganz sicher, dass der Dummkopf von nebenan nun endlich mal damit anfangen wird, seine Katze anständig zu behandeln. Denn eigentlich wissen wir doch viel besser, wie der mit seiner Katze umgehen sollte. Oder?

Das klingt jetzt etwas ironisch. Es ist aber gar nicht so gemeint. Wer seine Katze liebt, der möchte natürlich, dass es auch allen anderen Katzen so gut geht wie der eigenen. Und warum nicht etwas weitergeben von den eigenen Erfahrungen?

Nur haben eben die anderen Katzenhalter ebenso viele Erfahrungen und möchten sie auch gerne weitergeben. Daraus kann durchaus schon mal ein Konflikt entstehen. Ungefähr so wie zwischen zwei Kleingärtnern, die beide genau wissen, wie man Unkraut beseitigt und sich von Brennnesseln befreit oder Maulwürfe loswird und die sich auch gegenseitig immer was zu erzählen (bzw. sich gegenseitig zu belehren) haben. Nicht alle Katzenhalter sind Kleingärtner! Aber alle Kleingärtner sollten sich mal überlegen, ob sie nicht auch gute Katzenhalter wären. Keine schlechte Idee übrigens – allein schon wegen der Mäuse in der Gartenlaube ...

Sie kann Menschen einander nahebringen (aber auch entzweien)

Menschen mit Katze sind kommunikativer als Menschen ohne Katze. Das behaupte ich aus jahrzehntelanger Erfahrung als Reporter einer Boulevardzeitung. Wann immer ich etwas über Katzen schrieb, kamen besonders viele Leserbriefe und Anrufe. Oft wurde ich noch Monate nach einer Veröffentlichung gefragt: »Was wurde eigentlich aus der niedlichen Katze, über die Sie kürzlich einmal berichtet haben? Ihr Schicksal geht uns einfach nicht aus dem Kopf, und wir sprechen noch viel über sie!« Auf eine vermisste Katze, die per Zeitungsannonce gesucht wird, kommen zehn Leser, die sie (meist allerdings zu Unrecht) gesehen haben wollen. Wenn irgendwo eine Katze unverhofft Junge bekommt und ein Foto von dem niedlichen Wurf veröffentlicht wird, sind sie in null Komma nix vermittelt. Wobei man nur hoffen kann, dass alle wirklich in gute Hände kommen!

Im Internet ist es besonders eindrucksvoll zu beobachten. Katzen-Chats sind immer voll. Hier tauschen sich Katzenfreunde miteinander aus und erzählen tagtäglich, was sie nun wieder mit ihrem kleinen Liebling erlebt haben. Jede kleine Wesensveränderung wird diskutiert, und die Wehwehchen erst! Man kann die These wagen, dass Katzenliebhaber ihre Aufgabe ernster nehmen als zum Beispiel die Hundeliebhaber oder die Freunde von Kanarienvögeln, obwohl in deren Internetforen natürlich auch eine Menge los ist. Nur eben nicht so viel wie bei den Katzenfreunden.

Hinzu kommen die ganzen Verschwörungstheorien, über die Katzenfreunde monatelang miteinander diskutieren. Meistens geht es um Tierversuche mit Katzen und um den Handel damit. Experten halten zwar überhaupt nichts davon. Die sagen: Kein Labor kann mit irgendeiner auf der Straße weggefangenen Katze vernünftig arbeiten. So eine Katze hat keinen wissenschaftlichen – und somit auch keinen wirtschaftlichen – Wert. Aber die Katzenfreunde lassen sich von solchen Behauptungen, die sie schlichtweg für Lüge halten, nicht beirren. Die Spirale der Schreckensgeschichten dreht sich steil nach oben. Jeder hat etwas beizusteuern und schon mal eine ganz ähnliche Geschichte gehört. Das verbindet! Es gibt viele Liebesgeschichten, die im Katzen-Chat begonnen haben und später sogar in den Hafen der Ehe führten. Obwohl Männer in diesen Katzen-Foren doch eher selten sind: Meistens tauschen dort Frauen ihre Erlebnisse aus.

In vielen Städten gibt es »Katzenstammtische«. Einmal im Monat treffen sich Katzenfreunde und reden stundenlang darüber, was sie inzwischen mit ihren Lieblingen erlebt haben. Wie viele einsame Menschen haben dadurch wieder echte Kontakte in der realen Welt! Für wie viele ist dieser Stammtisch das einzige Mal im Monat, wo sie unter Leute kommen! Man mag das belächeln – bis man selber alt und allein ist und allzu gerne auch so einen Stammtisch hätte.

Katzen können aber auch für Nachbarschaftsstreit sorgen, der bisweilen seltsam skurrile Züge annimmt. In einem Hamburger Vorort, malerisch gelegen mit schönen Villen in gepflegten Gärten, lebte eine circa 55-jährige Dame mit Mann und Kindern jahrelang in guter Nachbarschaft mit dem Ehepaar von nebenan. Bis die Dame »auf die Katze« kam. Es stellte sich nun heraus, dass die Nachbarn notorische Katzenhasser waren. Sie fanden es nicht witzig, dass die Katze der Dame bisweilen den Zaun (er bestand bis dahin eigentlich nur aus einer kleinen Hecke, denn man verstand sich ja gut und grillte sogar oftmals zusammen) ignorierte und durch Nachbars Garten schlich.

Erst kamen nächtliche Anrufe: »Eure Katze ist schon wieder in unserem Garten!« Dann wurde die Hecke durch einen massiven Zaun erweitert. Danach (die Katze hatte kein Problem mit dem

Zaun) wurde dieser um einen satten Meter erhöht. Es gab Straf-anzeigen und wüste Drohungen. Fallen wurden aufgestellt, und die Katze hatte wirklich viel Glück, dass sie nicht hineingeriet. Gegrillt wurde nun gar nicht mehr. Man siezte sich wieder. Heute sieht das Haus des Nachbarn – ich habe es mit eigenen Augen gesehen – aus wie eine Festung, denn inzwischen ist der Zaun höher, als eine Katze springen kann. Jedes kleinste Schlupfloch ist versperrt. Sogar die Tür am Eingang zum Garten, wo eine Katze sich eventuell durchzwängen könnte, ist dichtmaschig verrammelt und verriegelt. Man sieht Nachbars Haus kaum noch. Eines ist sicher: Mit der guten Nachbarschaft ist es endgültig vorbei. Aber auch das ist ja eine Form der Kommunikation, oder ...?

Auch eine Wildkatze kann das Herz erwärmen

In jeder Stadt, in jedem Dorf gibt es »wilde« Katzen.[*] Sie gehören niemandem. Es sind Outlaws. Vernarbte Wesen, die nicht unbedingt hübsch aussehen. Es sind die »Berber« der Katzenwelt. Scheu und schlau, wachsam und wagemutig, hinkend und hungrig, gefährlich und grantig, herumgekommen und heruntergekommen, verseucht, verwahrlost, verschlagen, geschlagen, gefährlich. Von Menschen misshandelt, vom Schicksal gequält. Und trotzdem extrem ausgeschlafen. Seltsam: In jeder Stadt, in jedem Dorf gibt es Menschen, die ausgerechnet für diese wilden Katzen ihr Herz entdecken und die ganze Freizeit in ihre Pflege und Domestizierung stecken.

Vernünftig ist das nicht. Unsere Tierheime sind voll mit ausgesetzten und eingefangenen Katzen, und denen geht es wirklich nicht gut. Warum holen sich die Leute nicht eine Katze aus dem Heim? Stattdessen haben sie »ein Herz für Wildkatzen«, locken die *Wild Cats* mit Wassernäpfen und Leckerlis an, fangen sie ein, bringen sie zum Kastrieren, pflegen ihr Fell, setzen sie wieder aus und füttern sie oft über Jahre. Das ist rational nicht nachvollziehbar. Andererseits gibt es ja auch viele Tierfreunde, die Hunderte von verkommenen Hunden aus Spanien nach Deutschland bringen und hier hochpäppeln – obwohl es doch in besagten deutschen Tierheimen Tausende von Hunden gibt, die unseren Herzen eigentlich näher stehen sollten.

Psychologen sprechen vom »Wildhüter-Syndrom«. Sie meinen damit eine verborgene Sehnsucht nach Abenteuer und Heraus-

---

[*] Das Wort »wild« steht nicht zufällig in An- und Abführungszeichen. Denn was ist »wild«?

forderung, die uns das »normale« Leben nicht bieten kann. Der Mensch – domestiziert und bürgerlich, wie er sein Leben nun mal eingerichtet hat – spürt immer noch die Sehnsucht in sich, ein wildes Tier zu bändigen und sich untertan zu machen. (Psychiater würden sogar verborgene und nicht ausgelebte sexuelle Sehnsüchte vermuten.) Aber so weit wollen wir gar nicht gehen. Ja: Es gibt diese unerklärliche Liebe zu wild lebenden Katzen, oftmals tun sich sogar Nachbarn zusammen und bilden eine »Wildkatzen-Pflegegemeinschaft«, und mindestens ebenso oft gibt es auch ernsthaften Streit in der Nachbarschaft – weil es durchaus nicht jedem in der Straße gefällt, dass sich hier neuerdings alle wild lebenden Katzen aus dem Umkreis von 10 Kilometern treffen. Denn wilde Katzen können des Nachts sehr, sehr laut werden. Und nicht jeder findet es witzig, dass seine hoppelnden Kaninchenbabys plötzlich im schlecht gesicherten Gehege um ihr Leben fürchten müssen.

Eine ganz andere Frage ist diese: Verhält man sich denn korrekt, wenn man wild lebende Katzen päppelt, pflegt und füttert? Tierärzte raten eindeutig davon ab. Ihre Argumente: Es gibt zu viele davon, die natürliche Auslese lässt die Schwachen sterben (aus medizinischer Sicht zum Glück), der Mensch sollte sich nicht einmischen, und eine Ansammlung von wilden Katzen (eine zieht ja die andere nach sich) ist derart schlecht für die übrige Population (vom Vogeljungen bis zum neugeborenen Igelkind), dass man wirklich niemandem einen Gefallen damit tut (außer den wilden Katzen natürlich).

Andererseits macht die Pflege von wilden Katzen aber viele (vor allem ältere und einsame) Menschen wirklich glücklich. Sie haben plötzlich wieder eine Aufgabe. Tagtäglich gehen sie raus, locken die Katzen an, kennen sie nach einiger Zeit auch, geben ihnen Namen, freuen sich über ihre (natürlich rein vom Hunger diktierte) vermeintliche Zuneigung und sind glücklich und stolz, wenn die wilde Katze sich erstmals anfassen lässt. Das ist ein Stück Domestizierung! Aus Oma Krawuttke ist plötzlich eine erfolgreiche Wildhüterin geworden.

Die Katze spürt es, wenn wir leiden

Was man an der Katze hat, das merkt man oft erst in schlechten Zeiten. Wenn man so richtig fertig ist und eigentlich nur noch heulen möchte, dann schlägt die Stunde der Katze. Liebeskummer, Ärger in der Firma, seit Tagen nur Regen und Nebel, schlechte Nachrichten vom Arzt, viel zu wenig Schlaf, total überfordert, keine Lust aufs eigene Spiegelbild, Miese auf dem Konto und keine Chance auf Besserung, nur von Dilettanten umgeben, keiner kümmert sich um einen …

Keiner? Doch! Die Katze. Die spürt genau, wenn es einem schlecht geht, und im Gegensatz zu den meisten Menschen ist sie dann für einen da. Und sie macht es genau richtig. Sie gibt keine guten Ratschläge, sie weiß nicht alles besser, sie gibt einem nicht die Schuld an all dem Übel, sie macht überhaupt keine Vorwürfe, sondern sie schmiegt sich an und gibt Wärme. Sonst macht sie nichts. Und ist es nicht genau das, was wir jetzt brauchen? Es ist eine schlechte menschliche Eigenschaft, dass jeder, dem man sich in der Not öffnet, sofort vermeintlich gute Tipps parat hat! Wenn das alles so einfach wäre, dann wäre man doch schon längst selber drauf gekommen! Kaum ein Mensch hat die Fähigkeit, einfach nur zuzuhören und nicht gleich die Lösung aller Probleme auf dem silbernen Tablett zu servieren.

Menschen müssen einen immer belehren. Kaum hat man seinen Kummer ausgebreitet, greifen sie in ihren psychologischen Handwerkskasten, holen das mentale Werkzeug heraus und beginnen mit der Sofortreparatur. Mitfühlende Menschen sind die reinsten Seelenklempner. Allein schon die Schilderung eines Problems erweckt in ihnen den krankhaften Zwang, es sofort zu lösen. Obwohl es gar nicht ihres ist. Wenn sie doch nur einmal zuhören könnten! Aber das funktioniert nicht einmal fünf Minuten. Selbst wenn man sie ausdrücklich darum bittet. Schon haben sie wieder einen »guten Rat« parat. »Ja, dann musst du eben …« »Du machst aber auch immer …« »Warum versuchst du es nicht mal so …« »Ich an deiner Stelle würde …« Das alles sind gut verpackte Vorwürfe, die man im Moment nun wirklich als Letztes gebrauchen kann! Menschen sind keine guten Zuhörer. Zum Glück gibt es … na, Sie wissen schon.

Und wenn man die Katze dann am Ende fragt, weil man letztendlich doch einen Rat bekommen möchte: »Was meinst du? Was soll ich nur tun?« – dann gibt sie genau die richtige Antwort. Sie schnurrt, sie legt sich hin, sie guckt einen verträumt an und schließt die Augen. Was heißt das? Na, ist doch klar: »Entspann dich erst mal.« »Deine Probleme sind längst nicht so groß, wie du glaubst.« »Alles wird gut.« »Am Ende des Tunnels ist Licht.« »Lass es geschehen.« »Es ist Schicksal, und du musst dich nicht ärgern.« »Sei gelassen.« Aber auch: »Du *hast* kein Problem. Du *bist* das Problem.« Das kann man natürlich auch als Vorwurf bezeichnen, nur kommt er nicht so aufdringlich daher wie die guten Ratschläge der Menschen.

Die Katze ist in Krisenzeiten eigentlich so, wie die allerbeste Freundin bzw. der allerbeste Kumpel sein sollten. Einfach mal die Klappe halten und nichts als beruhigende Nähe ausstrahlen. Keine Besserwisserei an den Tag legen, sondern tiefstes Verständnis selbst für die idiotischste Problematik zeigen. Einen gewissen mitfühlenden Ernst ohne durchsichtige Heuchelei. Vornehme Zurückhaltung, kombiniert mit der dadurch demonstrierten Achtung vor der Persönlichkeit des anderen. Und trotzdem tröstlich. Allein dadurch, dass sie oder er für einen da ist.

Bei kleinen Depressionen ist sie besser als ein Therapeut

Es ist ja zum Glück so, dass die Katze ihre eigenen Bedürfnisse hat. Sie ist wie ein Kind. Sie will fressen, ihr Geschäft verrichten, spielen, Aufmerksamkeit bekommen, und sie hat auch sonst noch einige Bedürfnisse. Allein schon diese simplen Tatsachen hindern Menschen, die mit einer Katze leben, am allzu tiefen Absacken in das Loch der Depression. Man kann sich zwar die Decke über den Kopf ziehen, die Fenster verdunkeln, das Telefon ausstöpseln und das Handy abstellen, aber die Katze muss man trotzdem füttern. Also steht man auf.

Die Katze weiß nicht, dass man am liebsten gleich sterben würde. Also möchte sie spielen. Dass man seit Tagen antriebslos und einfach nur tieftraurig ist, ignoriert sie gewissenhaft. Stattdessen beschließt sie, dass sie dringend kacken gehen muss. Deshalb reinigt man nun mit Tränen in den Augen das Katzenklo. Nun muss man runter zur Mülltonne. Da kann man natürlich nicht so hingehen, wie man gerade aussieht. Also zieht man sich etwas an, was nachbarschaftskompatibel ist.

Wo man schon mal unten ist, kann man ja auch gleich zum Kaufmann gehen. Schließlich braucht die Katze ja Futter. Beim Kaufmann sieht man etwas Süßes, das einen trösten könnte. Man packt es in den Einkaufswagen. Reiner Frust, denn es geht einem ja so furchtbar schlecht. An der Kasse trifft man den Nachbarn, und der hat erschreckend gute Laune. Aber er schafft es irgendwie, dass man wenigstens aus Höflichkeit ein Lächeln aufsetzt. Wieder draußen auf der Straße und auf dem Rückweg ins eigene Elend kommt zufällig die Sonne raus. Zu Hause wartet die Katze. Man blinzelt ein wenig in die Sonne und wundert sich, dass man es überhaupt bis auf die Straße geschafft hat! Aber die Katze verlangt ja ihr Recht, also was soll man machen? Nun geht man vielleicht einen kleinen Umweg, schaut unterwegs mal hier, mal dort, atmet die frische Luft, sieht spielende Kinder, wirbelnde Blätter im Wind, man lebt, man fasst neuen Mut, und man freut sich auf die Schokolade, die man sich soeben gekauft hat. Die futtert man dann zu Hause auf.

Sehen Sie: Diese kleine Schilderung des ganz normalen Alltags eines in tiefe Depression verfallenen Menschen mit seiner Katze zeigt ganz klar, dass es außer der schlimmen seelischen Verstimmung doch auch noch Pflichten gibt, die der Mensch zu erledigen hat. Manchmal ist allein schon die Erledigung von Pflichten die Leiter, mit der man sich aus dem Loch der Depression befreien kann. Gelobt sei die Katze. Sie war es doch, die uns erst unter der Bettdecke hervor und dann auf die Straße getrieben hat! Die Katze ist ein fester Bestandteil unseres Lebens, wenn wir eine haben. Sie hindert uns daran, unseren Problemen nachzugeben und darin zu ertrinken.

Viele Menschen, denen es schlecht geht, suchen sich Hilfe bei einem Psychotherapeuten. Nichts gegen diesen ehrenwerten Berufsstand. Aber manch einem, der sich gerade in einem tiefen Loch befindet, möchte man zurufen: Wie wäre es, wenn du einfach eine Katze hättest und dann von ganz alleine deine eigenen Probleme ein wenig relativierst? Wenn du dich nicht mehr ganz so wichtig nimmst, sondern eine neue Aufgabe hast? Natürlich ist eine Katze nicht dazu da, die psychischen Probleme ihrer Menschen zu klären. Aber sie kann doch helfen, wenn man zu tiefer Traurigkeit neigt. Weil sie eben ihre konkreten Ansprüche hat, an denen man auch in Zeiten der depressiven Verstimmung nicht vorbeikommt. Man muss sie einfach erfüllen.

Wohlgemerkt: Wir sprechen hier von einer kleinen depressiven Verstimmung, wie sie viele Menschen manchmal haben. Ist die Depression ein echtes Krankheitsbild und hat sich tief in die Seele eingegraben, mag wohl auch die Katze keine Hilfe mehr sein. Dann muss man zum Arzt oder in eine Klinik, und dann sollte man sich erst einmal keine Katze zulegen.

7. KAPITEL

Die Katze, die Kinder, der Mann und Oma

Kinder und Katze, das passt einfach

Alle Kinder wünschen sich ein Haustier. Die meisten wollen einen Hund. Sie schwören, dass sie sich selbst um ihn kümmern wollen und dass man gar keine Arbeit mit ihm haben wird. Das glauben sie sogar selbst! Aber das dicke Ende kommt nach.

Wenn sich Ihre Kinder einen Hund wünschen: Vergessen Sie's. Alle Schwüre sind schon morgen Schnee von gestern. Kinder und Hunde, das funktioniert nicht. *Sie* werden mit dem Hund Gassi gehen und sonst niemand. Das ist so sicher wie das Amen in der Kirche. Ganz anders – und viel besser – ist das mit der Katze. Deshalb kann man getrost sagen, dass Kinder und Katzen einfach besser zusammenpassen als Kinder und Hunde.

Was wollen die Kinder denn von dem neuen Haustier? Sie wollen mit ihm schmusen und eine Art lebenden Teddy haben. Mehr nicht. Sie haben absolut keine Lust, bei fünf Grad minus und Graupelschnee mit dem lebenden Teddy Gassi zu gehen. Sie haben nach einer gewissen Zeit, in der sie natürlich alles für das neue Familienmitglied tun würden, auch sonst keine Lust zu irgendwas. Sie haben immer etwas Besseres vor. Der Hund bleibt an Ihnen hängen. Darauf können Sie sich verlassen.

Die Katze hingegen hat – ganz anders als der Hund – ein schönes Eigenleben. Sie möchte nicht raus, wenn es regnet. Sie macht ihr Geschäft ins Katzenklo. Trotzdem steht sie den Kindern als lebender Teddy jederzeit zur Verfügung, heißt: Man kann mit ihr kuscheln, man kann ihr alles erzählen, sie hört selbst den abenteuerlichsten Geschichten zu, sie spielt gern, sie ist sehr interessiert, und auch sonst erfüllt sie eigentlich alle Kriterien, die man von einem lebenden Teddy erwartet. Natürlich ist sie kein Teddy, aber das bringt sie den Kindern selbst bei. Sie hat nämlich Krallen und einen ausgeprägten eigenen Willen.

Die Katze ist pflegeleicht. Sie lebt gern drinnen. Wenn sie raus kann, macht sie das alleine. Sie ist (meistens) kinderlieb, aber sie drängt sich nicht auf. Sie geht auch ohne Begleitung auf Streifzug. Sie möchte gar niemanden dabeihaben. Dann kommt sie aber wieder »angekatzelt«, klopft ans Fenster, möchte hereingelassen werden und schmusen. Ihr Nachbar mit seinem Hund, den er auch »nur wegen der Kinder« gekauft hat, läuft gerade fluchend durch den Regen.

Verantwortung für ein Tier zu übernehmen lernen die Kinder auch mit ihrer Katze. Denn so ein Tier braucht ja Pflege, Zuneigung und Liebe. Nur kostet eine Katze weniger Zeit als ein Hund, mit dem man ja nicht nur auf die Straße muss: Man sollte ihm auch etwas beibringen, mit ihm arbeiten, ihn fordern und an seine Grenzen bringen! Aber genau dazu haben Kinder nur anfangs Lust. Das mit der Katze machen, mit ihr spielen und ihr die kleine Maus an der Angel vor die Nase halten, das kriegen sie noch so eben hin. Das mit dem Hund würden sie niemals hinkriegen. Also: Hast du Kinder, hol eine Katze. Und lass die Finger von dem Hund.

Trotzdem gibt es natürlich viele Familien, in denen sich die Kinder auch nach Jahren noch rührend um ihren Hund kümmern. Es gibt sogar welche, die kümmern sich um Hund *und* Katze und träumen die ganze Zeit davon, auch noch ein Pferd zu haben! Und das funktioniert dann sogar! Was diese glücklichen Kinder später einmal werden wollen, ist klar: »Tierarzt natürlich!«

Sie ist der Liebling von allen

Das weiche Fell, die kitzelnden Barthaare, die sanften Pfoten, die wohlig blinzelnden Augen: So eine Katze muss man einfach lieben. Sie ist in jeder Familie der Star. Sie lässt sich gern anfassen, ist meistens gut gelaunt, streicht schmusig von einem zum anderen und genießt es, dass alle nett zu ihr sind. Sie ist das pflegeleichteste Familienmitglied, weil sie niemals etwas verlangt. Das muss sie ja auch nicht: Sie bekommt ohnehin alles, wird verwöhnt, verhätschelt und verzogen. Niemand macht ihr den Lieblingsplatz streitig (wer will denn außer ihr den ganzen Abend auf der Sofalehne sitzen?). Niemand will sie viel zu früh ins Bett schicken (sie schläft ja sowieso überall). Sie hat weder Aufgaben noch Pflichten (außer, dass sie zwischen Kratzebaum und Möbeln unterscheiden lernen muss). Mit Kindern oder Erwachsenen kann man sich streiten und man tut es auch regelmäßig – Gründe dafür gibt es ja genug. Aber die Katze ist der Liebling von allen in der Familie.

Das Schöne ist: Es gibt kaum Eifersüchteleien wegen der Katze! Sie lässt sich sehr gern von mehreren gleichzeitig streicheln und findet es vollkommen normal, dass sie der Mittelpunkt der Familie ist. Das eine Kind streichelt diese wohlige Stelle zwischen den Ohren, das andere Kind übernimmt derweil den Bauch. Kommt es trotzdem mal zum Streit wegen der Katze, springt sie einfach davon und verzieht sich auf ihren Lieblingsplatz. Laute Töne mag sie nämlich gar nicht. Sie hat ja ein viel besseres Gehör als wir Menschen und empfindet Misstöne deshalb als besonders unangenehm. Nein: Alle sollen leise und sanft mit ihr sprechen. So wie sie das mag. Für Kinder ist das sehr lehrreich. Selbst die wildesten lernen, mit der Katze behutsam und vorsichtig zu sprechen. Kinder, die sich mit ihren Geschwistern fast nur schreiend verständigen und stets irgendeinen Zwist auszutragen haben, unterhalten sich mit ihrer Katze in einem ganz sanften Ton, den man gar nicht von ihnen gewohnt ist.

Sind die Kinder dann im Bett und die Eltern haben endlich Zeit für sich, streicht die Katze ihnen um die Beine. Es reicht ihr schon, dass sie dabei sein darf. Sie guckt auch gerne Fernsehen. Jedenfalls tut sie so. Ist der Fernseher aus, hört sie den Gesprächen interessiert und weise zu. Sie scheint die Lösung aller Probleme zu kennen, aber sie sagt nichts. Einen angenehmeren Hausgenossen für die wenigen Abendstunden, bevor man müde wird und ins Bett möchte, kann man sich nicht vorstellen! Sie passt sich ideal an »ihre« Menschenfamilie an.

Die Hausfrau ist mal wieder beim Fernsehen eingeschlafen. Sanft schnurrend kuschelt sich die Katze auf ihren Bauch. Sie liebt die Wärme und ist ein ausgesprochener Freund der Gemütlichkeit. Genau wie die Frau. Ohne Katze würde der Mann vielleicht denken: Wieso schläft sie jetzt ein? Ich bin so wenig zu Hause, und wir haben noch so viel zu besprechen! Aber wie er sie da schlafen sieht mit der Katze auf dem Bauch, denkt er: Wie schön das aussieht. Meine Frau und unsere Katze. Wie ein Gemälde. Und lächelnd holt er sich noch ein Bier aus dem Kühlschrank.

Bei ihr können die Kinder ihre Sorgen abladen

Auch in Familien, wo alle viel miteinander sprechen und sich füreinander interessieren, fehlt den Kindern manchmal jemand mit ganz viel Verständnis. Jemand, der ihnen einfach nur zuhört. Wenn die Kinder Glück haben, leben sie mit Oma und Opa zusammen. Die wollen einen nicht immer gleich erziehen und haben auch nicht ständig gute Ratschläge parat, wie man sich verhalten sollte. Sie sind deshalb die idealen Zuhörer. Aber in den meisten Familien gibt es keine Großeltern, weil die Wohnungen viel zu klein sind. Und den eigenen Eltern mag sich ein Kind in schwierigen Zeiten nicht immer anvertrauen.

Da ist die Katze die ideale Zuhörerin. Genauso wie früher, als das Kind noch ein Kuscheltier aus Plüsch mit ins Bett nahm: Dem hat es auch alles erzählt! Jetzt sitzt es im Kinderzimmer, hat die Katze auf dem Schoß und flüstert ihr alle Geheimnisse ins Ohr. Die Katze hört geduldig zu. Wenn sie nur sprechen könnte! Aber auch so gibt sie deutlich zu erkennen, dass sie voller Mitgefühl ist und alles ganz genau versteht.

Die Katze weckt bei Kindern einerseits den Beschützerinstinkt, weil sie so klein und niedlich ist und die Rolle des hilflosen Wesens, das man dringend bekuscheln muss, so wunderbar spielt. Jedes Kind, das eine Katze sieht, möchte sie streicheln. Oder kennen Sie ein Kind, das angesichts einer Katze schreiend wegläuft? Das werden Sie nicht erleben. Andererseits ist die Katze aber auch ein selbstständiges Wesen mit ziemlich viel Power, und Kinder spüren das ebenso. Vielleicht empfinden sie sogar instinktiv eine gewisse Seelenverwandtschaft mit der Katze? Viel Sehnsucht nach Zuwendung auf der einen und viel mehr Selbstständigkeit, als man gemeinhin annimmt, auf der anderen Seite: Das trifft doch für Katzen *und* Kinder zu!

»Wenn es mir mal richtig schlecht geht und ich mich zum Beispiel mit meiner besten Freundin gestritten habe«, sagt die elfjährige Annette aus Frankfurt, »dann erzähle ich alles unserer Katze ›Kiki‹. Wir setzen uns auf mein Bett und dann kann ich ihr alles sagen. Ich glaube, dass sie es versteht. Jedenfalls kommt mir das so vor. Wenn ich weinen muss, kuschelt sie sich an mich. Wenn ich schimpfe, dann stellt sie die Ohren hoch und ist ganz wachsam. Danach geht es mir immer gleich viel besser.« Wir fragen nach: Glaubst du denn wirklich, dass deine Katze dich versteht, so wie ein Mensch dich verstehen würde? Annette: »Na ja, natürlich nicht genauso, weil es doch eben eine Katze ist. Also sie kann ja keine Sprache verstehen. Aber sie verhält sich eben so, als wenn sie alles versteht. Vielleicht ist das ja … auf einer anderen Ebene oder so. Sie weiß natürlich nicht, dass ich gerade vom Stress mit meiner besten Freundin erzähle. Aber sie merkt, dass es mir schlecht geht. Und mehr will ich doch gar nicht. Ich meine: Es ist doch egal, ob ich jetzt Stress mit meiner Freundin habe oder vielleicht mit meinen Eltern oder sonst was in der Schule ist oder so. Ich merke einfach, dass sie mich versteht, und dadurch geht es mir eben hinterher auch gleich viel besser.«

Selbst die härtesten Kerle werden bei Katzen weich

Eigentlich seltsam, dass in diesem Buch bisher so wenig von Männern die Rede gewesen ist. Woran mag das liegen? Vielleicht daran: Die Eigenschaften einer Katze sind aus menschlicher Sicht eher weiblich als männlich (kompliziert ist sie und schmusig, eigenwillig, widersprüchlich, unberechenbar, süchtig nach Streicheleinheiten usw.). Deshalb ist die Katze – so denkt der Mensch – doch wohl eher ein Tier für Frauen als für Männer.

Da mag etwas dran sein (wenn auch so mancher Kater heftig widersprechen würde). Aber dass Männer und Katzen überhaupt nicht zusammenpassen, stimmt ebenso wenig. Denn sogar die härtesten Kerle entdecken ihr weiches Herz, wenn man ihnen eine Katze in den Arm legt! »Gefühle zu zeigen fällt meinem Mann unheimlich schwer«, sagt Janina (38), eine Supermarktkassiererin aus Halle. »Das war schon so, als ich ihn vor 15 Jahren kennengelernt habe, und es hat sich bis heute nicht geändert. Er spricht nicht viel und lässt mich eigentlich nie in sich hineinschauen. Na ja, ich hatte mich schon daran gewöhnt und dachte, dass er sich bestimmt nicht mehr ändern wird. Aber dann haben wir eine Katze bekommen, also: Nicht freiwillig, sondern unsere Nachbarin war gestorben, und deren Katze, die sie »Frau Schmidt« nannte, hätte sonst ins Heim gemusst. Das wollten wir nicht und haben sie erst mal bei uns aufgenommen, bis sich jemand für sie findet. Das war der Plan. Aber was dann passiert ist, damit hätte ich ja niemals gerechnet: Ausgerechnet mein Kerl, dieser schweigende Felsblock, hat sein Herz für Frau Schmidt entdeckt! So liebevoll, wie er die vom ersten Tag an gestreichelt hat, war er zu mir nie. Abends auf dem Sofa mit der Katze zu kuscheln ist für ihn das Größte. Bei jedem kleinsten Wehwehchen schleppt er sie zur Tierärztin. Und natürlich darf sie sich nachts auf unserer Bettdecke einrollen, aber das macht sie nur auf seiner Hälfte. Ich bin manchmal schon richtig eifersüchtig auf Frau Schmidt …«

Letzteres meint Janina aber nicht so ganz ernst: »Eigentlich bin ich Frau Schmidt dankbar – weil sie mir meinen Mann von einer ganz neuen Seite zeigt, die ich bisher nicht an ihm kannte.« Hat er sich denn auch sonst verändert? »Ja«, sagt Janina, »er spricht mehr mit mir und neulich hat er bei einer Schnulze im Fernsehen sogar geweint. Natürlich mit Frau Schmidt im Arm …« Jetzt wüsste man eigentlich nur noch gern, warum die verstorbene Rentnerin ihre Katze ausgerechnet »Frau Schmidt« genannt hat. Antwort: »Weil sie meinte, dass sie – also die Katze – ein bisschen so aussieht wie die ehemalige Gesundheitsministerin Ulla Schmidt von der SPD«, erklärt Janina. Ob die Ex-Ministerin das gut finden würde, wissen wir natürlich nicht.

Ernest Hemingway (»Der alte Mann und das Meer«) war auch ein harter Kerl. Hat Whisky gesoffen und ist fischen gegangen, war Kriegsreporter und Großwildjäger. Am Ende hat er sich erschossen. Doch wem gehörte das weiche Herz unter Hemingways rauer Schale? Seinen Katzen. Denen er sogar einen Großteil seines Vermögens vermachte. Noch heute leben circa 60 Nachfahren der berühmten Hemingway-Katzen, viele davon mit sechs Zehen[*], in seinem Haus in Key West (Florida), das heute ein Museum zum Gedenken an den großen alten Macho-Schriftsteller ist.

[*] Eine vererbliche Anomalie, die in Europa kaum vorkommt.

Männern bringt sie bei, wie man mit Frauen umgeht

Männer, die Katzen lieben, gelten bei Frauen als besonders einfühlsam und verständnisvoll. Das haben viele Umfragen ergeben. Interessant ist aber die Frage nach Ursache und Wirkung: Suchen sich einfühlsame und verständnisvolle Männer gezielt ein Haustier, das zu ihnen passt (nämlich eine Katze) – oder waren sie vielleicht gar nicht so einfühlsam und verständnisvoll, bevor sie auf die Katze kamen? Hat die Katze sie also erst zu dem gemacht, als was sie jetzt in den Augen der Frauen gelten? Es ist die uralte Frage, was zuerst da gewesen ist: Henne oder Ei.

Vieles spricht dafür, dass die Katze den Mann tatsächlich verändert. So wie das die Supermarktkassiererin im vorigen Kapitel sehr schön und anschaulich beschrieben hat. Manch ein Mann geht tatsächlich erst dann ein wenig aus sich heraus, wenn er eine Katze hat. Sicher ist (und das weiß jeder, der mit einer Katze lebt): Man(n) kann die eigene Frau vielleicht links liegen lassen und vernachlässigen, aber die Katze lässt sich das nicht gefallen. Deshalb – was für ein schöner Grund, Katzen zu lieben! – lebt sie den Männern vor, wie die ihre Frauen behandeln sollten. Strafen Sie mal eine Katze mit Missachtung! Die macht so lange Rabatz, bis sie genügend Aufmerksamkeit kriegt. Versuchen Sie mal, eine Katze zu ignorieren! Die bringt sich nachhaltig in Erinnerung, und wenn sie dafür Möbel zerlegen muss. Zeigen Sie einer Katze mal die kalte Schulter! Die reagiert so eiskalt, dass es einem sehr schnell leidtun wird. Sie ist sogar imstande, einfach zu verschwinden, zum Beispiel unterm Bett. Sie frisst nicht mehr, sie ignoriert das Katzenklo und begeht sozusagen Katzen-Harakiri. Es ist ihr vollkommen egal.

Wird sie nicht anständig behandelt (und »anständig« heißt aus Sicht der Katze: mit dem notwendigen Respekt), dann macht sie ihrem Menschen das Leben zur Hölle. Da kennt sie gar nichts. Wie viele Frauen hätten gern diesen Mut ihren eigenen Männern gegenüber!

Andererseits ist die Katze ihrem Menschen aber so lange treu, wie es nur irgendwie geht. Selbst wenn sie gezwungenermaßen zu Hause ausziehen muss, weil sie außer Fressen zu kriegen nur noch missachtet oder sogar gequält wird, bleibt sie möglichst in der Nähe, schleicht sich zu den Mahlzeiten heimlich ins Haus und verzieht sich dann wieder. Katzen *brauchen* nicht nur sehr viel Liebe: Sie lieben *selbst* sehr intensiv und laufen nicht einfach so weg. Da, wo sie leben, möchten sie gerne bleiben.

Fazit: Männer lernen sehr schnell, dass eine Katze a) ihre Ansprache braucht, b) ständig gestreichelt werden möchte, c) sehr anschmiegsam ist, d) viel Zeit kostet, e) dennoch ihre Freiheit behalten möchte und f) zu viel Nähe nicht erträgt, aber g) als Gegenleistung das Leben schöner und liebenswerter machen kann. Jetzt müssen die Männer nur noch begreifen, dass a) bis g) genauso auch für ihre Frauen gelten. Was kann man tun? Das ist doch logisch: Eine Katze muss her, und der Mann muss sich möglichst viel mit ihr beschäftigen! Dann lernt er's schon.[*]

---

[*] Aber Vorsicht, nicht missverstehen! Mein Mann spricht nicht mehr mit mir, also hole ich eine Katze ins Haus? Das würde nicht funktionieren. Vorschlag: Sprechen Sie mit Ihrem Mann über den Plan, eine Katze zu holen. Wenn er darauf nicht reagiert, dann holen Sie sich die Katze und verlassen Sie den Mann.

Eine Katze pro Kind macht alle froh

In vielen Familien ist das tatsächlich so. Natürlich vorwiegend auf dem Lande, wo man einfach mehr Platz zum Leben und somit auch mehr Platz für Tiere hat: »Jedes unserer Kinder hat eine Katze bekommen, als es acht Jahre alt war. Das ist bei uns Tradition«, erzählt Jasmin, eine 45-jährige Bäuerin aus einem Dorf bei Hannover. »Als unsere Älteste acht war, wollte sie unbedingt ein eigenes Tier haben. Da hatte die Katze auf dem Nachbarhof gerade geworfen, und unsere Katrin bekam eines der jungen Kätzchen. Die beiden wurden richtig enge Freunde und sind es heute noch. Katrin ist inzwischen 14, ihre ›Minka‹ ist sechseinhalb und noch sehr gut drauf. Der Mittlere, Lars, hat immer gequengelt, weil er auch eine Katze wollte. ›Da bist du noch zu klein für‹, haben wir gesagt. Und er: ›Wann bin ich endlich nicht mehr zu klein?‹

Was sollte man sagen: ›Wenn du acht bist. Dann bist du vielleicht nicht mehr zu klein.‹ Kaum war er acht: ›So. Und jetzt will ich eine Katze. So wie die Katrin. Ihr habt das doch versprochen!‹ Hatten wir zwar nicht, aber er bekam dann auch eine. Mit ›M‹ sollte sie auch anfangen, also hat er sie ›Maja‹ genannt. Da hatten wir dann ›Minka‹ und ›Maja‹. Unser Jüngster hat das natürlich mitgekriegt, und als er acht war … Da kam dann noch ›Miki‹ dazu.

Ich muss sagen, dass die drei Katzen unseren Kindern sehr guttun. Es entsteht da so ein ganz eigener Mechanismus, denn Kinder untereinander sind ja immer auch ein Stück weit eifersüchtig aufeinander, wollen sich gegenseitig übertrumpfen und einfach besser sein. Das ist doch ganz normal! So war ich auch, als ich noch klein war. Bei unseren Kindern ist das so, dass jedes Kind die schönste und beste Katze haben will. Das beginnt natürlich mit dem Aussehen. Eine Katze muss seidiges Fell haben, sie darf nicht zu dick sein, ihre Augen müssen strahlen, und sie muss topfit sein. Da versucht jedes Kind, den ersten Platz zu machen. Sie ziehen sich auch gegenseitig auf, wenn die Katze vom anderen mal faul in der Ecke liegt: ›Deine macht ja wohl gar nichts mehr!‹

Oder sie versuchen mit unendlicher Geduld, ›ihrer‹ Katze etwas beizubringen, was die anderen nicht können. Der Jüngste hat sogar mal versucht, seiner Miki das Rechnen beizubringen … Hat nicht funktioniert. Dabei hatte er in irgendeiner Zeitschrift gelesen, dass sogar Esel rechnen können, wenn man sie lange genug trainiert. Ich hab dann gesagt: ›Die Miki ist eben kein Esel, und sie hat einfach keine Lust zum Rechnen.‹ Danach hat er ein Zirkusstück mit ihr einstudiert, da musste Miki durch einen aufgehängten Ring zu einem Leckerli springen, das hat ihr irgendwie mehr gelegen und sie hat es ganz schnell begriffen. Machte ihr sogar Spaß. Na ja: Das Ergebnis war, dass die anderen beiden auch mit Zirkusstückchen angefangen haben, und jetzt können die Katzen auf einer Wippe wippen, drehen sich auf den Hinterbeinen im Kreis und können auch sonst allerlei Kunststücke vorführen. Also insgesamt: Drei Kinder, drei Katzen, das ist ideal.«

Na ja. Wenn man einen Bauernhof hat … In einer 70-Quadrat-meter-Stadtwohnung mit drei Kindern wird das sicher etwas schwierig. Trotzdem ist es so, wie es bei der Bäuerin Jasmin gelaufen ist, absolut optimal. Besser können Mensch und Katze nicht zusammenleben!

Die Katze sorgt für Streitkultur

In Familien mit Katzen wird genauso oft gestritten wie in Familien ohne Katzen, aber die *mit* Katzen haben einen Vorteil: Da ist jemand, der schlichten kann. Weil sie eine Abneigung gegen laute Stimmen hat und atmosphärische Störungen ihr geradezu körperlich wehtun, hat die Katze keine Lust auf Familienstress. Sie ist sozusagen noch harmoniebedürftiger als Mama. Und die ist süchtig nach Harmonie. »Alles soll schön sein«, »Alle sollen sich vertragen«, »Wir sind doch eine Familie«, »Bloß keinen Streit«: So ist Mama. Und so ist die Katze auch. Da streiten sich zum Beispiel die Geschwister, dass die Fetzen fliegen. Die Katze schaut sich das eine Weile an, und dann springt sie einem der beiden in den Arm. Der ist erst mal mit der Katze beschäftigt, muss sie halten und streicheln. Er wird sie ja schließlich nicht fallen lassen!

Weil er nun mit beiden Armen beschäftigt ist, kann er nicht mehr so richtig streiten. Denn so ein Streit besteht ja nicht nur aus lauten Worten, sondern auch aus den entsprechenden Gesten und Bewegungen (vor allem der Arme). Man kann nicht mit dem Finger anklagend auf jemanden zeigen, wenn man eine Katze im Arm hält! Man kann auch nicht mehr so laut schreien, weil das mit einer Katze im Arm irgendwie lächerlich wirkt. Außerdem passt das sowieso nicht zusammen: schimpfen, beleidigen, fluchen und gleichzeitig eine Katze streicheln. Es unterbleibt also vorerst. Die Katze ist damit zufrieden und schnurrt den beiden Streithähnen, endlich doch noch auf den Boden abgesetzt, treuherzig um die Beine. Eine schlechte Situation, um dem Widersacher zum Beispiel in den Hintern zu treten, ihn oder sie zu boxen oder eine Tür wirkungsvoll ins Schloss knallen zu lassen. Eigentlich ist es gänzlich unmöglich, sich in Gegenwart einer Katze zu streiten.

Ganz ähnlich läuft es ab, wenn Mann und Frau sich in den Haaren liegen. Was hoffentlich nicht so oft passiert wie ein Streit zwischen den Kindern, bei denen das ja ganz normal ist – aber hin und wieder kracht es dann eben doch auch mal zwischen den Eheleuten. Auch hier ist die Katze hilfreich. Man kann prophetisch vorhersehen, was passiert: Der Frau gehen (aus Männersicht) vorzeitig die Argumente aus, sie schmollt und schweigt und widmet sich ausgiebig der Katzenpflege. Damit zeigt sie dem Mann ohne Worte, dass er ihr den Buckel herunterrutschen kann.

Zweitens macht sie sich unangreifbar, denn er wird garantiert den übervollen Eimer seiner besser(wisserisch)en Argumente nicht weiterhin über ihr ausleeren, solange sie die Katze befummelt.

Drittens ist die Frau mit der Katze und ihrer schwer beleidigten Beschäftigung mit deren Kletten im Fell ein schweigender Vorwurf an den Mann, denn diese Beschäftigung will sagen: Siehst du, wer sich wieder einmal um die Katze kümmert? Nicht du oberschlauer Besserwisser, den eigentlich niemand in dieser Familie vermissen würde, sondern ich bin es, ich! Die Mutter Teresa aller Katzen. *Ich* kümmere mich. Um Haushalt, Kinder und jetzt eben um die Katze. *Du* tust überhaupt nichts. Aber schau mal, zu wem die Katze gekommen ist! Vielleicht zu dir? Nein.

Viertens ist die Beschäftigung der Frau mit der Katze zum Zeitpunkt eines heftigen Ehestreits eine Abgrenzungsgeste: Sieh mal, hier sind die Katze und ich, wir bilden eine Einheit, und du bist dort, du bist buchstäblich außen vor. Jetzt legt die Frau auch noch demonstrativ den Arm um die Katze, spricht leise mit ihr (»Na, du Süße! Wir beide, gell? Das passt schon. Ja, geht's dir denn gut?« usw., die Übersetzung lesen Sie in der Fußnote[*]) und unterstreicht

---

[*] »Na, du Süße« zur Katze bedeutet in Richtung Mann: »Na, du Arsch«, »Wir beide« = »Wir garantiert nie mehr«, »Das passt schon« = »Bei uns passt gar nichts«, »Geht's dir gut?« = »Ich hoffe, du krepierst bald«.

dadurch ihre Abgrenzung vom Mann. Hätte sie keine Katze, würde sie dieselbe Geste mit einem Sofakissen machen, was dasselbe bedeuten soll. Frauen sind eigentlich ganz leicht zu durchschauen! Jedenfalls leichter als Katzen.

Für viele kann sie ein Kind ersetzen

So einfach, wie die Überschrift klingt, ist es natürlich nicht. »Haste keine Kinder? Schaff dir doch 'ne Katze an! Bei der musste keine Windeln wechseln, die weckt dich auch nicht mitten in der Nacht und die Pubertät kannste getrost vergessen.« Nein! Nein! Nein! Eine Katze ist kein »Ersatz« für nichts und schon mal gar nicht für Kinder. Eine Katze ist eine Katze. So, und jetzt noch einmal von vorn.

Es gibt Frauen, die keine Kinder bekommen können. Es gibt auch Frauen, die ihr Kind verloren haben. Ferner gibt es Frauen, die sich wegen ihrer Berufstätigkeit keine Kinder leisten können oder zumindest glauben, dass es so ist. Dann gibt es Frauen, die zu alt für Kinder sind. Und es gibt Frauen, deren Kinder aus dem Haus sind. Meint irgendjemand, dass all diese Frauen – es mögen Millionen sein – deshalb kein Bedürfnis mehr nach Nähe, Zuneigung und Zärtlichkeit haben? Bedürfnisse, die vom eigenen Mann (sofern einer da ist) gar nicht befriedigt werden können, weil es ein ganz anderes, viel sanfteres Bedürfnis ist? Wenn sich diese Frauen auf das Leben mit einer Katze einlassen, die ihnen all das gibt, was sie bisher vermissten: Wer will sich da hinstellen und sagen: Du darfst das nicht machen, weil eine Katze kein Ersatz für ein Kind ist? Wenn das ein Gesetz wäre, dann hätten wir viele hunderttausend Katzen mehr in den Tierheimen, weil vielleicht jede dritte oder vierte Frau, die mit einer Katze glücklich zusammenlebt, ihre dann abgeben müsste. Sehen Sie es mal so. Und bisher war nur von Frauen die Rede.

Für Männer gilt das ebenso. Sie leiden auch, wenn eine Ehe ungewollt kinderlos bleibt. Die Sehnsucht nach einem lieben, zarten, schutzbedürftigen Wesen ist ja schließlich kein weibliches Privileg!

Wie pflegeleicht sie ist!

In jeder Familie wünscht sich irgendjemand ein Haustier, und wir alle kennen die Gegenargumente. Wer wird sich darum kümmern? Wer macht den Dreck weg? Was ist im Urlaub? Wir werden unflexibel! Wir können nichts mehr spontan unternehmen! Einfach mal so wegfahren wird schwierig, wenn nicht gar unmöglich. »Nein – mir kommt kein Tier ins Haus«, wird dann entschieden. Schade eigentlich, denn die Katze ist – gerade wenn man so denkt – eigentlich das ideale Haustier.

11 Gründe dafür. 1. Die Katze haart nicht so wie ein Hund. 2. Sie macht ihr Geschäft säuberlich ins Katzenklo. 3. Sie ist ganz gern allein (natürlich nicht tagelang, aber man kann sie eben sehr gut auch mal alleine lassen, zum Beispiel über Nacht). 4. Sie bellt nicht die ganze Nachbarschaft zusammen. 5. Sie schläft fast die ganze Zeit. 6. Sie weiß sich durchaus selbst zu beschäftigen. 7. Sie hat ein Eigenleben. 8. Sie verlangt nicht viel vom Menschen. 9. Sie betrachtet ihre Menschen eher als notwendiges Übel, aber nicht als überlebensnotwendig. 10. Sie fühlt sich sehr schnell auch in einer ungewohnten Umgebung wohl, wenn man sie mal weggeben möchte. 11. Sie fühlt sich ebenso schnell wieder zu Hause wohl, wenn sie zurückkommt. Ach, noch schnell ein 12. Grund: Eine Katze transportiert man recht komfortabel in einem Korb.

Diese elf – oder inzwischen doch schon zwölf – Gründe, warum eine Katze so pflegeleicht ist, bedürfen aber noch einer Zusatzbemerkung. Eine Katze ist kein dekoratives Möbelstück und kein Hausgenosse, den man nach Belieben mal hierhin, mal dorthin abschieben kann. »Du nimmst heute meine Katze in Pflege, und dafür nehme ich nächstes Mal deinen Hund« – das läuft so nicht. Wer sich für eine Katze entscheidet, der muss von Anfang an für die Katze da sein. Der übernimmt Verantwortung.

Von wem fühlt Mutti sich verstanden? Von der Katze!

Die Frau hat es in der Familie am schwersten. Sie ist die Einzige, die nicht ständig nur an sich denkt. Als Gegenleistung darf sie alle anderen bedienen. Sie ist für alles zuständig, trägt die Verantwortung für den ganzen Laden und bekommt dafür fast nie ein Dankeschön. Andererseits ist sie die Komplizierteste in der Familie, die am wenigsten Verstandene und auch die, mit der am wenigsten gesprochen wird. Jedenfalls kommt ihr das so vor, denn sie hat ein viel größeres Kommunikationsbedürfnis als ihr Mann und die Kinder. Manchmal möchte sie alles hinschmeißen und sich künftig nur noch um sich selbst kümmern. Aber so schlimm ist es dann ja doch wieder nicht. Deshalb tut sie das nicht, und alles bleibt so, wie es ist. Sie ist einfach ganz selbstverständlich immer für alle da, und irgendwann beklagt sie sich auch nicht mehr.

Die Sache mit dem Nicht-verstanden-Werden ist für viele Frauen die größte Belastung. Mehr Frauen als Männer leiden am Burn-out-Syndrom. Sie fühlen sich ausgebrannt und leer. Dabei ist es egal, ob eine Frau neben dem Haushalt noch berufstätig oder »nur« zu Hause ist. Hausfrauen kennen das Problem ebenso wie die sogenannten Karrierefrauen. Besonders schlimm wird es während der Wechseljahre. Dann kommt oft noch eine leichte Depression zu dem Gefühl der inneren Leere, das vergleichbar ist mit dem Laufen eines Hamsters in der kleinen Trommel, die er in seinem Käfig hat.

Selbst gutwillige Männer können ihren Frauen in dieser Situation nicht wirklich helfen. Meistens haben sie gleich einen vermeintlich guten Rat zur Hand, der das Problem aber nicht wirklich zu lösen hilft. »Leg dir ein Hobby zu«, »Geh doch mal unter Menschen«, »Triff dich mit deinen Freundinnen« oder »Beleg einen Kurs an der Volkshochschule« ist genauso schlecht wie das Aufzählen der Vorteile, die das Leben einer Frau aus dem Blickwinkel ihres Mannes mit sich zu bringen scheint. »Sei doch froh, dass du nicht arbeiten musst«, »Deine Sorgen möchte ich haben«, »Du hast doch ein schönes Leben«, »Genieß es doch einfach mal«, »Ich reiß mir doch auch für dich den Arsch auf« oder gar »Du bist undankbar« ergeben glatte 100 Punkte auf der Skala von Sprüchen, die einer Frau gegenüber garantiert fehl am Platz sind.

Um es klar zu sagen: Die Katze ist nicht die Lösung aller Probleme für frustrierte Frauen in den Wechseljahren. Aber die Katze gibt der Frau das Gefühl, endlich einmal verstanden zu werden. Das hat vermutlich einen eher schlichten Grund: Die Katze reagiert auf Tonlagen und Stimmungen mit einer »Antwort« in ähnlicher Tonlage und Stimmung; jedenfalls klingt das für uns Menschen so. Wir wissen ja, dass die Katze nicht »denkt« und nur sehr eingeschränkt zu Gefühlen bzw. Gefühlsäußerungen imstande ist. Zwischentöne, so wie Frauen sie empfinden, kennt die Katze schon mal gar nicht, sondern in ihrem Gehirn geht es eher schwarz-weiß zu: hier gut, dort schlecht, hier satt, dort hungrig, hier schön, dort hässlich, hier entspannt, dort gefährlich.

Das kann die Katze unterscheiden. Mehr nicht. Aber durch ihre Körpersprache und durch die verschiedenen Modulationen beim Miauen oder Schnurren fallen wir nur zu gern auf den Irrglauben herein, sie würde uns wirklich verstehen. Dabei kopiert sie uns bloß. Nichts weiter.

Und Omi liebt sie auch (aber sag niemals Omi zur Omi)

Omi sitzt am Fenster und guckt raus, die Arme aufs Sofakissen gestützt, und die Katze sitzt neben ihr, schnurrt und spielt mit einem Wollknäuel. Über dieser Idylle scheint auch noch die Sonne, und das Fenster hat Butzenscheiben. Das ist ein schönes Bild, aber es entspricht nicht der Realität. Weil Omis bzw. Großmütter bzw. Frauen mit Enkelkindern* heute viel jünger als früher sind oder zumindest jünger wirken. Die sitzen nicht am Fenster und gucken raus, sondern viele kommen abends müde von der Schicht nach Hause. Wenn eine Frau mit 20 ihre erste Tochter bekommen hat und wenn die genauso schnell zur Sache kommt, ist die Frau mit 40 Oma! Deshalb passt das Bild mit der Oma im Fenster und der Katze daneben vielleicht besser auf die Uroma. Also noch mal: Uroma sitzt am Fenster und guckt raus, die Arme aufs Sofakissen gestützt, und die Katze sitzt neben ihr …

Auch wenn die Omis heute viel jünger wirken als die Omis, wie wir sie aus unserer eigenen Kindheit in Erinnerung haben, ist die Katze für sie das ideale Haustier, und in einem Punkt kann man ganz sicher sein: Wenn mal jemand zur Katzenbetreuung gesucht wird, ist Omi auf jeden Fall die Nummer eins. Ältere Menschen können mit Katzen besonders gut umgehen, und die Katzen lieben sie. Vielleicht liegt es an der Ruhe und der Weisheit des Alters, die sie ausstrahlen? Haben sie eine besonders herzliche Art, auf die Katze zuzugehen? Spürt die Katze, dass hier ein Mensch mit

---

* Seltsam: Frauen mit Enkelkindern lassen sich ungern als Oma, Omi oder Großmutter bezeichnen, weil sie sich dadurch irgendwie diskriminiert fühlen. Deshalb bieten wir an dieser Stelle gleich mehrere Bezeichnungen an.

viel Lebenserfahrung ist, der sich selbst und anderen nichts mehr beweisen muss? Man kann es immer wieder beobachten: Wenn Omi zu Besuch kommt, verlässt die Katze ihren Lieblingsplatz und setzt sich möglichst dicht neben sie. Wahrscheinlich ist es so, dass Omi sich einfach mehr Zeit für die Katze nimmt als die immer so hektischen Eltern, und die Kinder sind ja sowieso zappelig. Omi bedeutet Ruhe, und Katzen lieben Ruhe.

KAPITEL 8

Die Katze und unsere mehr oder weniger lieben Nachbarn

Katzenhüten? Kein Problem

Urlaubszeit! Man möchte nun auch mal verreisen und da stellt sich natürlich die Frage, wer so lange die Katze füttert und ihr Klo sauber macht.

Lange suchen muss man nicht. Die Nachbarskinder drängeln sich danach! Weil sie sooo gern auch eine Katze hätten, aber sie dürfen ja nicht … Nun kommen sie morgens und abends für ein Stündchen vorbei, tun ihre Pflicht, spielen noch ein bisschen mit der Katze, kriegen ein paar Euro dafür und sind total glücklich. *Sie* müssen sich überhaupt keine Sorgen machen, denn Kinder nehmen solche Aufgaben sehr ernst!

Katzenpensionen sind auch eine gute Lösung. Sie können für die Katze sogar förderlich sein, weil sie nun endlich mal mit anderen Katzen in Kontakt kommt und dadurch ihr Sozialverhalten trainieren kann. Allerdings könnte es schwierig werden, wenn sie schon älter ist und zeit ihres Lebens noch nie Kontakt zu anderen Katzen hatte. Das muss man einfach mal ausprobieren (erst mal für zwei Stunden hinbringen und dann weitersehen).

Die dritte Alternative sind Familien in der Verwandtschaft, die schon länger mit einer Katze liebäugeln, aber bisher noch keine Entscheidung getroffen haben. Super! Jetzt können sie ein bisschen »üben«, während Sie entspannt Ihren Urlaub antreten. Allerdings passiert es ziemlich oft, dass die Katze dabei abhanden kommt: Ein Kind ist unaufmerksam, ein Fenster steht offen, es klingelt und die Balkontür ist noch offen – das Problem besteht nun darin, dass die Katze sich draußen nicht zurechtfindet und deshalb möglicherweise nach ihrem kleinen Ausflug nicht mehr den Weg zurückfindet. Deshalb ist die eigene Wohnung oder eine Pension, wo natürlich entsprechende Maßnahmen getroffen sein müssen, letztlich für die Katze doch besser.

Dem Katzenfreund kann man immer was schenken

Was für abscheuliche Staubfänger haben die Nachbarn früher mitgebracht, wenn sie bei uns eingeladen waren! Oder genau die Schokolade, die man überhaupt nicht mag. Oder einen Wein, der absolut untrinkbar ist. Mit Katze gibt es nie wieder falsche oder unpassende Geschenke. Weil man einfach alles gebrauchen kann. Katzenspielzeug hat man nie genug. Palettenweise Katzenfutter ist zwar nicht sehr fantasievoll, aber aus finanziellen Gründen stets willkommen. Mehr oder weniger lustige Schilder, auf denen »Vorsicht, kratzende Katze« oder ein Katzenkopf mit dem Hinweis »Hier wache ich« steht, sind hingegen nicht unbedingt empfehlenswert: Entweder schraubt man sie umgehend an die Wohnungstür, oder die Nachbarn sind beleidigt. Aber nicht jeder teilt diesen neckischen Humor. Besser ist zum Beispiel ein zweites Katzenklo, ein neuer Kratzebaum oder gar ein Katzenbuch*.

Wem all das zu popelig ist, der geht in einen feinen Laden für Millionärskatzenzubehör. Solche Läden gibt es in jeder Großstadt. Meistens findet man sie sogar in den teuersten Einkaufspassagen, und sie sind immer gut besucht. Unglaublich, was es da alles gibt: Vergoldete Fressnäpfe, mit Brillantensplittern besetzte Katzenhalsbänder, einen Wams mit echtem Pelzkragen für die kalte Jahreszeit, wohlriechende Badezusätze, handgeknüpfte Vorleger fürs Katzenklo, mit Samt ausgeschlagene Schlafkörbchen, kurzum – alles, was man überhaupt nicht braucht, was aber teuer aussieht.

Im Internet stößt man auf Tiermaler. Das ist schon kreativer:

---

* Zum Beispiel dieses. Aber kaufen Sie bitte ein zweites.

Man schickt einige Fotos ein und bekommt ein originales und sogar erstaunlich ähnliches Porträt der Katze zurück, das auch noch hübsch gerahmt ist. Natürlich liegt der Verdacht nahe, dass die Tiermaler das Foto einfach einscannen, nur noch die Konturen nachmalen und das Ganze dann kolorieren, aber bringt uns das nicht auf eine super Idee? Das können wir selber auch, haben Geld gespart und ein wirklich schönes Geschenk für den Menschen von der Katze! »Ich habe deine Katze gemalt …« Das rührt zu Tränen, das kommt gut an.

Technikfreaks basteln was Eigenes. Das nötige Zubehör gibt es im Elektronikmarkt. Zum Beispiel eine Angel, die nach dem Zufallsprinzip die kleine Stoffmaus hin und wieder automatisch in wilde Zuckungen versetzt und die man über dem Kratzebaum montiert. Darauf fällt die Katze noch nach Jahren rein. Oder einen elektronischen Schließmechanismus für die Katzenklappe in der Haustür. Wozu?, fragt sich der Laie. Die Katze soll doch rein und raus können, wann sie will! Das ist doch gerade der Sinn der Katzenklappe! Stimmt zwar. Aber in der Praxis ist es oftmals so, dass sich die Katze auf der Flucht vor einem widerlichen Verfolger im letzten Moment durch die Katzenklappe ins Haus rettet. Was macht der Verfolger? Er jagt ihr hinterher ins Haus hinein, das ist doch klar. Wenn man jetzt aber eine elektrische Vorrichtung bastelt, die nach jedem Betätigen der Katzenklappe diese für 15 Sekunden blockiert, und sie dann erst wieder freigibt, springt die Katze in ihrer Not in Sicherheit, die Katzenklappe blockiert – der Verfolger stößt sich die Nase platt und verzieht sich. Woraufhin die Katze seelenruhig nach 15 Sekunden wieder hinausspazieren kann. Clever, oder?

Bei solchen Basteleien heißt es jedoch, bereits vorher gründlich nachzudenken. Der Katzenklappenblockierer zum Beispiel darf nur aktiv werden, wenn die Katze von draußen nach drinnen will; also muss der entsprechende Auslöser-Kontakt auf der Innenseite sitzen. Auch das aus einem ganz einfachen Grund: Spaziert die Katze von drinnen nach draußen, sieht sie sich oftmals unverhofft einem Gegner gegenüber, der draußen auf sie lauert. Dann hat sie keine 15 Sekunden Zeit, um vor der verschlossenen Tür auf Einlass zu warten, und wird es garantiert nicht zweimal versuchen, sofern sie den vergeblichen Rückzugsversuch überhaupt überlebt.

Softwarefreaks lachen aber über solche Geschenke, denn sie stammen aus dem vorigen Jahrhundert. Die Katze von heute trägt einen Chip, der unter der Haut eingepflanzt ist, und dieser Chip identifiziert sie an der Katzenklappe. Nur sie kann hinein. Bei anderen Katzen blockiert die Klappe. Das ist ja wohl das Geilste, was Katzenfreunde jemals erfunden haben, oder? Na ja, nicht ganz, es ist nur das Zweitgeilste. Manche Experten lassen ihre Katze eine Mini-Kamera tragen (macht ihr nichts aus, die sind heute ja federleicht und kaum größer als ein Fingerhut), und diese Kamera sendet alle paar Minuten ein Foto, das sofort ins Internet gestellt wird (automatisch natürlich), und so kann jeder im Netz sehen, was die Katze gerade macht. Mal sitzt sie unterm Auto (klick), mal vor einem Mauseloch (klick). Googeln Sie mal »Katzenklappen« und scrollen sich ein bisschen durch, da finden Sie solche Fotos.

Katzen bellen nicht

Man sollte das nicht unterschätzen. Schon viele gute Nachbarschafsbeziehungen sind daran gescheitert, dass der liebe Hund, allein gelassen, seinen Protest stundenlang lautstark herausbellt. Manche Hunde sind eben so, und nicht alle Hundebesitzer sind imstande, ihrem Dauerkläffer diese kleine Unart abzugewöhnen. Wie denn auch – Sie sind ja nicht da.

Ganz schwierig wird es, wenn die Hundebesitzer zum Beispiel abends in die Oper gehen und Wand an Wand wohnt jemand, der Frühschicht hat und um fünf wieder raus muss. Die Opernfreunde gehen nach der Oper vielleicht noch ein Gläschen trinken, um dem Kunstgenuss entspannt nachzuhorchen und feinsinnig die zwar unkonventionelle, aber durchaus interessante Inszenierung zu diskutieren, während der Nachbar bereits das Beil schärft, mit dem er erst Sie und dann den Hund zu erschlagen gedenkt.

Alles kein Problem mehr, wenn man erst einmal auf die Katze gekommen ist! Die miaut schlimmstenfalls ein bisschen, aber das hört man nicht durch die Wand. Und wenn doch, stopft man sich halt Ohropax rein. Es gibt auf jeden Fall mit einem Hund im Miethaus mehr Stress als mit einer Katze. Denn auch, wenn der Hund nicht dauerbellt, weil er alleine bleiben muss: Was macht er, wenn jemand durchs Treppenhaus schlurft? Er gibt Alarm, denn sonst wäre er kein guter Hund. Und dann ist es auch Essig mit Schlafen für die Nachbarn.

Die Katze ist also ein besonders leises Haustier. Ihr Miauen löst beim Nachbarn obendrein ganz andere Emotionen aus als ein bellender Hund. Miauen klingt immer ein bisschen schüchtern, hilfesuchend und verloren. Eine alleingelassene Katze (meistens ist ihr Kummer ja nur Theater, also sie spielt die Rolle der leidenden Diva so meisterlich wie die enttäuschte Liebhaberin vorhin in der Oper), eine alleingelassene Katze also miaut kläglich, aber nicht aggressiv. Das wiederum aktiviert bei vielen Nachbarn das Helfersyndrom. Sie wetzen deshalb nicht das Beil wie im obigen Beispiel, sondern sie hocken sich vor die Etagentür und unterhalten sich im Bademantel mit der Katze durch den Briefkastenschlitz, bis sich die ach so herzlosen Katzenbesitzer endlich bequemen, nach Hause zu kommen.

Das wiederum kann zu heftigen Irritationen führen, wenn beispielsweise im Treppenhaus das Licht automatisch alle drei Minuten ausgeht und der Nachbar vor dem Briefkastenschlitz irgendwann keine Lust mehr hat, alle drei Minuten aufzustehen. Mit einer Katze, die einsam ist, kann man sich schließlich auch im Dunkeln unterhalten. Jeder Depp weiß doch, dass Katzen im Dunkeln genauso gut sehen können wie im Hellen!

Findet jetzt der heimkommende Katzenhalter nicht gleich seinen Hausschlüssel oder braucht promillebedingt vielleicht ein wenig länger als drei Minuten, um bis in den fünften Stock hinaufzuschnaufen, kann es durchaus passieren, dass er im Dunkeln über den Nachbarn im Bademantel stolpert, der sich durch den Briefkastenschlitz mit der Katze unterhält. Eine interessante Situation, aus der sich alles ergeben kann – von der nächtlichen Treppenhausparty bis zur Spontanschlägerei.

Katzen kann man einschleusen, auch wenn Tiere verboten sind

Unsere Gesellschaft ist nicht sehr tierfreundlich. Jedenfalls gibt es viele Wohnungsbaugesellschaften, die ohne jeden ersichtlichen Grund Tierhaltung in der Wohnung verbieten. Das ist nicht immer rechtens (einen Kanarienvogel darf man trotzdem halten, egal, was der Vermieter dazu sagt), aber mit vierbeinigen Tieren ist es unter Umständen schwierig. Da scheidet ein Hund aus, denn der muss Gassi gehen, oder er bellt (siehe Kapitel 80), also wird es der Blockwart-ähnliche Hausmeister früher mitkriegen, als man die nächste Tüte Hundefutter durchs Treppenhaus geschleppt hat. Und garantiert gibt es Nachbarn, die zum Petzen neigen.

Auch hier bietet sich die Anschaffung einer Katze an. Man wird sie schon irgendwie in die Wohnung kriegen; die paar Meter vom Auto auf die Etage muss sie dann halt mal mitsamt ihrem Körbchen in einem Umzugskarton aushalten. Katzenfutter muss man auch nicht in Zentnersäcken kaufen, sondern der Karton mit dem normalen Trockenfutter ist nur ungefähr so groß wie ein Shell-Atlas, passt also in eine Aldítüte hinein. Hat sich die Katze für Luxusfutter in kleinen Plastikpackungen entschieden, fallen diese den geschwätzigen Nachbarn ohnehin nicht auf. Die mogelt man zwischen Toastbrot und Klopapier in die Wohnung.*

Der Ankauf von Katzenstreu allerdings empfiehlt sich nur bei Dunkelheit, denn die Streu gibt es naturgemäß nur in größeren Abfüllungen. Aber da kann man ja tricksen und vielleicht immer einen flachgelegten Umzugskarton im Kofferraum mit sich führen,

---

* Nur bitte Vorsicht mit den leeren Packungen in der gelben Tonne.

den man dann gelegentlich mit Katzenstreusäcken gefüllt in die Wohnung schleppt. Und wenn der Nachbar fragt? »Ach, ich hab noch Kinderbücher vom Dachboden meiner Mutter aussortiert … Die ganzen Erinnerungen, na, Sie wissen ja …« Da wird sich kein Nachbar wundern, dass man fünf Jahre später immer noch Kinderbücher vom Dachboden der Mutter wegschleppt, denn der Mensch als solcher ist eher vergesslich. Zur Not legt man halt einige Kinderbücher oben auf die Katzenstreu drauf, die man dann als Alibi vorweisen kann.

Ist die Katze nun unbemerkt in die angeblich katzenfreie Wohnung eingeschleust, muss man weitere Vorsichtsmaßnahmen treffen, aber die fallen nicht so sehr ins Gewicht. Befindet sich die Wohnung im Erdgeschoss und hat vielleicht sogar einen Vorgarten, möchte man ja auch mal die Tür nach draußen aufmachen, um den Vorgarten zu genießen. Die Katze wird vermutlich hinterherkommen, was ihr gutes Recht wäre, aber leider nicht sein darf. Denn sie muss ja unsichtbar bleiben. Also empfiehlt es sich, in dem Türrahmen der Tür zum Vorgarten eine zweite Tür zu befestigen, die man in einschlägigen Baumärkten recht preiswert erwerben kann. Es sind Insektenschutztüren, zwar luftdurchlässig, aber mit einem engmaschig gespannten Netz, das die Katze in ihrem Bewegungsdrang nachhaltig bremsen wird. Sie kennen diese Zwischentüren aus amerikanischen Spielfilmen (dort hat offenbar jeder Zweite so was). Man öffnet also die Tür zum Vorgarten, die Katze will raus, da ist aber noch die Insektenschutztür, also kann sie nicht, man wartet den passenden Moment ab, öffnet die Insektenschutztür, schlüpft hinaus und schließt sie wieder. Hat man Besuch zum Grillen, muss man dieses etwas komplizierte Prozedere natürlich den Gästen nahebringen, sonst machen sie das nicht, und die Katze fliegt auf.

Auch ein Balkon ist für verdeckt eingeschleuste Katzen ein ständiges Entdeckungsrisiko, das man nicht unterschätzen sollte. Allzu gern begleiten sie uns auf den Balkon, hüpfen auf die Brüstung und gucken neugierig auf die Straße runter. Das dürfen sie aber nicht, weil sie ja illegal bei uns leben. Hier hilft nun ein balkongroßer Taubenschutz in Form eines Drahtgeflechtes, mit dem man den ganzen Balkon abschottet. Es steht zwar in der Hausordnung, dass man keine Katze halten darf. Aber dass man sich nicht gegen Tauben wehren darf, steht garantiert nicht drin. Also wird ein mannshohes Gitter gespannt. Der Nachteil ist, dass man sich nun auch selber nicht mehr über das Balkongeländer lehnen kann, um die Straße zu beobachten, aber als Trost hat man ja nun eine Katze.

Katzen schaffen Sozialkontakte

Unglaublich, wie schnell sich die Katzenfreunde in einem Mietshaus anfreunden! Wir sind zu Gast in einem Plattenbau in Berlin-Marzahn, gefühlte 20 Etagen, Graffiti im Fahrstuhl, flackerndes Treppenhauslicht, triste Laubengänge, es ist hier nicht so schön. Wir klingeln bei Familie B., die uns erzählt hat, dass sich jeden Dienstag die »Katzenfreunde Marzahn« treffen, immer mal woanders und heute eben bei der Familie B. Da sitzen sieben Ehepaare zusammen und sieben Katzen schleichen durchs kleine Wohnzimmer. Man trinkt ein Bierchen aus der Flasche und redet über – Katzen, worüber sonst.

»Als wir vor 17 Jahren hier eingezogen sind, wussten wir noch gar nicht, wie viele Katzen in diesem Hochhaus leben«, erzählt Frau B. »Die wir damals hatten, ist ziemlich schnell auf den Nachbarbalkon gehüpft und hat sich dort mit einem kleinen Kater angefreundet. So fing es an. Ich habe dann einen Aushang im Treppenhaus gemacht und hatte am nächsten Tag schon fünf Nachbarn, die auch eine Katze hatten. Na ja, sie sind alle längst tot, die Katzen und auch viele der Nachbarn, aber unseren Katzenstammtisch, den gibt es immer noch.«

Eine seltsame Mischung von Menschen. Einige Arbeitslose, einige auf Rente und mittendrin ein Pilot der Lufthansa. »Ich bin hier aufgewachsen und geblieben«, sagt er, »mir gefällt das hier in Marzahn. Wenn ich unterwegs bin, gebe ich meine Katze beim Nachbarn ab. Ich kann mir aussuchen, wo ich sie hingebe, weil alle sich freuen, wenn sie zu Besuch ist.«

Zu diesem Katzenstammtisch bringen viele Nachbarn ihre Tiere mit. Eigentlich ist überall eine Katze, wo man hinschaut: auf dem

Balkon, auf den Fensterbrettern, in der Küche, unterm Sofa, auf der Sofalehne. Die Katzen verstehen sich offenbar gut. Fast alle Nachbarn haben eine auf dem Schoß, und es ist nicht unbedingt immer ihre. Hier ist eine richtige Katzen-Community entstanden.

Anonym ist dieses Hochhaus jedenfalls nicht. Die Katzen-stammtischler sind aber nicht nur unter sich! Einmal im Jahr veranstalten sie ein Nachbarschaftsfest im Hof, wo natürlich auch die Nicht-Katzenfreunde kommen. Sie spielen regelmäßig Karten um Geld, das sie aber nicht versaufen – sondern von dem Gewinn laden sie einen der vielen Rentner in dem Hochhaus zu einem schönen Nachmittag ein. Mal geht es ins Museum, mal raus aus der Stadt zu einer Kanalfahrt. Und als neulich eine weit über 80-jährige Nachbarin gestorben ist, da kam der Katzenstammtisch geschlossen zur Beerdigung.

Katzen kann man teilen

In Ludwigshafen gibt es ein Mietshaus, in dem jede Etagentür eine Katzenklappe hat. Sechs Familien wohnen dort. Sie teilen sich eine Katze. »Lucius« ist ziemlich kräftig, getigert, ungefähr vier Jahre alt und der Rentnerin aus dem Erdgeschoss links vor circa einem Jahr zugelaufen. »Plötzlich hockte sie auf meinem Fensterbrett und wollte rein«, erzählt die 72-jährige Dame. »Erst wollte ich sie ignorieren, aber sie blieb einfach sitzen und miaute herzergreifend, bis ich sie schließlich reingelassen habe. Geregnet hat es auch noch. Also sie tat mir leid. Sie kriegte was zu fressen und ein Schälchen mit Wasser und wollte eigentlich nur noch raus, um ihr Geschäft zu erledigen. Dann saß sie wieder auf dem Fensterbrett.«

An sich war das alles kein Problem, allerdings behält niemand gern eine fremde Katze, außerdem wollte die Rentnerin überhaupt keine haben, weil sie das halbe Jahr im sonnigen Süden verbringt. Sie konnte sich also gar nicht um die Katze kümmern. Erst versuchte sie, die Besitzer herauszukriegen, schrieb Handzettel und surfte im Internet auf den einschlägigen Seiten. Nix. Dann gab sie eine Anzeige auf. Nix. Tierheim, Polizei: Nix. Nun war schon fast die erste Woche herum, und die Katze war immer noch da. »Ich habe die Nachbarn bei uns im Haus gefragt, ob einer von ihnen die Katze übernehmen möchte, und zwei Familien sagten spontan Ja. So kam es zu der Idee, dass sie sich die Katze teilen. Die anderen fanden das witzig und am Ende fiel dann das Wort »Hauskatze« – weil es eben die Katze für unser ganzes Haus ist …«

Lucius scheint es zu gefallen. Morgens schlüpft sie aus der einen Wohnung, schaut sich im Garten um, frühstückt bei der zweiten Familie, hält bei der dritten ein Nickerchen, holt sich bei der vierten ein Leckerli ab, kriegt bei der fünften ihr Abendbrot und schläft bei der sechsten. Ganz so, wie sie mag.

Das wird natürlich nicht überall so gut funktionieren und ist schon eher eine skurrile Ausnahme. Aber wenn sich zwei Familien eine Katze teilen? Man kann mal verreisen und weiß sie in guten Händen. Der Katze wird es gefallen, denn zwei Menschenfamilien zu haben ist so, als wenn ein Kind zwei Väter hat: Beide möchten besonders nett sein und verhalten sich dementsprechend …

Böse Nachbarn
werden schnell entlarvt

Katzen ignorieren Grundstücksgrenzen. Das weiß jeder, der eine hat. Der Katze ist es vollkommen egal, ob irgendwo ein Zaun ist oder eine Hecke. Sie springt drüber oder klettert durch. Wo die Maus ist, da ist das Ziel. Wo der blöde Kater sein Nachbarrevier markiert, da ist die Grenze. Menschenzäune? Banane. Kein Zaun ist imstande, eine Katze zu stoppen.

In diesem Buch war ja schon die Rede von dem fiesen Nachbarn, den man früher so nett fand und der sich plötzlich als militanter Katzenhasser erwies. Aber der hat wenigstens nur seinen Zaun aufgerüstet bzw. ab und zu die Polizei gerufen, bis die auch keine Lust mehr auf seine Katzenallergie hatte.

Es gibt schlimmere Beispiele, und schon bald ist der böse Nachbar entlarvt!

Manch einer kauft sich eine Rattenfalle (das ist so eine Art Mausefalle in groß) und spickt sie mit Katzen-Leckerlis. Es gibt welche, die legen vergiftete Köder aus oder drücken Rasierklingen rein. Viele Katzen werden von Kugeln aus Luftgewehren getroffen. Kopfkranke Kinder üben an fremden Katzen, was sie in Killerspielen virtuell gelernt haben, oder bewerfen das zutrauliche Tier mit Feuerwerkskörpern. Andere testen, ob Katzen wirklich aus dem 7. Stock fallen und überleben können. Das Tröstliche ist aber: Derart bösartige Nachbarn werden meistens rasch enttarnt, weil sie es garantiert nicht zum ersten Mal und auch nicht nur mit dieser Katze machen. Da legt sich schon mal der eine oder andere aus dem Nachbarhaus freiwillig des Nachts auf die Lauer und beobachtet den fiesen Tierquäler bei seiner finsteren Tätigkeit! Es muss nur darauf geachtet werden, dass alles im rechtlichen Rahmen bleibt. Zur Rede stellen ja – Anzeige erstatten ja – Weitererzählen ja – aber keine Lynchjustiz.

Haut die Katze mal ab, suchen alle Nachbarn mit

Die Katze ist weg? Es ist so, als hätten die Nachbarn seit Monaten nichts mehr zu tun und nur auf diesen Moment gewartet. Es bildet sich eine spontane Nachbarschafts-Katzensuche-Bürgerwehr. In kleinen Trupps schwärmen sie aus, kleben Steckbriefe an die Bäume und streifen nachts mit Taschenlampen durch die Parks. Nachbarn auf der Suche nach einer verschwundenen Katze können ja endlich einmal zeigen, was in ihnen steckt: Solidarität, Abenteuergeist, Pfadfindertum und gnadenlose Härte sich selbst gegenüber. Wer hätte geahnt, dass direkt nebenan lauter Helden leben!

Gefährlich wird es aber, wenn der Verdacht auf Katzenklau besteht. Natürlich muss man hier zuallererst das Gerücht erwähnen, dass Altkleider- und Altschuh-Sammler ihre Behälter grundsätzlich mit Baldrian präparieren, um Katzen einzufangen und sie sofort dem nächstgelegenen Versuchslabor zu verkaufen. Wenn nun eine Katzenfahndung in der Nachbarschaft läuft, und der vollkommen harmlose Altkleider- oder Altschuhsammler möchte seine Altkleider und Altschuhe einsammeln*, könnte er ein ernsthaftes Problem bekommen.

Da streifen sie nun nachts durch die Kleingärten, stolpern durch die Dunkelheit, reißen sich die Finger blutig an Zäunen oder Dornenhecken und fühlen sich dabei einfach gut. Sie tun was für ihren Nachbarn. Sie haben eine Aufgabe. Aber lächeln Sie nicht: Aus solchen Suchaktionen, die sich ja manchmal über Wochen

---

* Womöglich noch mit einem polnischen Kennzeichen, denn diesem Gerücht zufolge landet jede geklaute Katze in Polen.

hinziehen, ist schon oft ein ganz neues Nachbarschaftsgefühl entstanden, das die Suche nach der Katze überdauert. So war es zum Beispiel in einer bis dahin eher anonymen Vorortsiedlung in Castrop-Rauxel, wo Kater »Louis« entlaufen war und einige Nachbarn, die sich bis dahin noch gar nicht kannten, eine groß angelegte Suchaktion beschlossen. Man streifte mehrere Nächte jeweils zu zweit durch die angrenzenden Gärten, erschreckte so manch einen arglosen Hausbesitzer durch unvermitteltes Taschen-lampenleuchten in verschiedene Schlafzimmer und hatte auch sonst viel Spaß. In der vierten Nacht regnete es Bindfäden, und man beschloss, die Suche für heute einzustellen. Sie endete in der Hausbar von einem der Katzenfahnder, wo derart hemmungslos getrunken wurde, dass sich drei Katzenfahnder am nächsten Mor-gen krankmelden mussten. Daraus ist eine recht gesellige Runde geworden, die sich »Katzenfahnder e.V.« nennt und die sich heute – knapp drei Jahre nach der eigentlichen Katzenfahndung – immer noch einmal die Woche mit dem Ziel der Vernichtung von Alko-holvorräten trifft, wofür die dazugehörigen Ehefrauen allerdings nur wenig Verständnis zeigen. ˮ

Manchmal ist es also richtig schön, wenn eine Katze ausreißt. Ach, übrigens: Die Auslöserin der großen Suchaktion kam nach zwei Wochen wieder nach Hause. Aber von alleine.

Sie fängt auch die Mäuse von nebenan

Die meisten Menschen denken viel zu eng. Zum Beispiel kauft sich jeder Nachbar einen Rasenmäher und einen Winkelschleifer und einen Kantenschneider und was nicht sonst noch alles gebraucht wird. Obwohl jedes dieser Geräte im gesamten Viertel pro Woche höchstens einmal benutzt wird. Es wäre doch viel besser und günstiger, wenn sich der eine einen Rasenmäher und der andere einen Winkelschleifer und der dritte einen Kantenschneider kauft! Und der Vierte besorgt sich eine Katze.

Es gibt tatsächlich ganze Straßen, die sich eine Katze teilen und seitdem mäusefrei sind.

Eine reicht vollkommen aus. Und die Nachbarn haben ihre Freude. Der eine lässt nachts die Garage einen Spalt auf, der andere lädt das Patrouillen-Kätzchen auf eine Schale Wasser ein, der Dritte hat sogar eine Katzenklappe, der Vierte stellt ihr was zu fressen hin. Das soll sie aber eigentlich gar nicht kriegen, denn sie hat ja einen Job.

Solange sich die Nachbarn einig sind, funktioniert das gut. Schwierig wird es jedoch, wenn mittendrin ein Katzenhasser wohnt. Und ganz gefährlich ist die Straße. Es gibt keine Statistik darüber, wie viele Katzen von Autos überfahren werden. Aber es gibt Exemplare, die sitzen stundenlang an der Straße und rennen erst dann auf die andere Seite, wenn ein Auto kommt. Es gibt welche, die heranrasende Scheinwerfer als Spielobjekt oder als Feind betrachten, den es anzuspringen gilt. Andere bleiben geblendet im Scheinwerferlicht stehen und werden deshalb überfahren. Die Gefahr, dass man eine Nachbarschaftskatze durch einen Unfall verliert, ist jedenfalls ziemlich groß. Tja. Der eine lässt seine Katze gar nicht erst raus, weil er sie nicht verlieren möchte, und der andere sagt: Lieber eine glückliche halbwilde Katze.

Sie ist der Schrecken aller Gartenspießer

Der Katze ist es herzlich egal, ob sie von der ganzen Nachbarschaft für sämtliche Katastrophen verantwortlich gemacht wird. Aber die Nachbarn haben endlich jemanden, der an allem schuld ist! Und das ist *Ihre* Katze.

Herr Meier findet ein aufgeschlagenes Vogelei im Garten? Das war *Ihre* Katze! Frau Müller ist der Pflaumenkuchen geklaut worden, den sie zum Abkühlen auf die Fensterbank gestellt hatte? Das war *Ihre* Katze! Der Kanarienvogel von Herrn Schulze liegt tot im Käfig? Das war … Ein Kratzer auf dem Autolack. Die Laufmasche in der Tischdecke von der Gartensitzecke. Die aufgerissene Mülltüte. Die abgeknabberten Rosenblüten. Der umgekippte Honigtopf auf dem Balkontisch. Das eben noch saubere Bettlaken in der Pfütze unter der Wäscheleine. Das gebuddelte Loch unten am Zaun. Die blutenden Striemen im Gesicht des streunenden Dackels. Die leer gesoffene Schüssel mit der Milch für die Igelfamilie.* Der zerbrochene Blumentopf. Das zerwühlte Beet. Der abgebissene Mäusekopf auf der Fußmatte.** Der penetrante Gestank im Treppenhaus. Und natürlich nicht zu vergessen die vielen gierigen Kater, die sich neuerdings im Viertel herumtreiben: Alles, alles ist die Schuld von *Ihrer* Katze.

Das nervt eine Weile. Aber dann fängt es an, Spaß zu machen. Jetzt ist die Katze der Desperado in der Nachbarschaft, der »Bad Boy«, das »Bad Girl«, kurzum der Schrecken aller Gartenspießer. Das kann richtig lustig sein! Weil wir Menschen und Katzenpart-

---

* Igel dürfen gar keine Milch.
** Na gut: Da liegt die Täterschaft nahe.

ner uns ebenfalls ein bisschen wie Outlaws fühlen dürfen, als Gesetzlose, die gnadenlos und eiskalt der Oma von nebenan den Keks von der Untertasse mopsen würden.

Aber wir wollen es ja nicht verderben mit den lieben Nachbarn. Also stellen wir ihnen hin und wieder eine Flasche Billig-Sekt vor die Tür und dann meckern sie auch nicht, wenn morgen früh an derselben Stelle ein Mauseköpfchen liegt.

Katzenbabys machen Nachbarn zu Verwandten

Wenn die Katze Junge kriegt, dann ist Ihr Garten Treffpunkt von allen Kindern aus der ganzen Nachbarschaft. Sie können sicher sein, dass jedes Kind gern eines aus dem Wurf mit nach Hause nehmen würde. Entsprechende Diskussionen gibt es im Haus links von Ihnen ebenso wie im Haus rechts und auf der anderen Straßenseite. Kinder lieben Katzenbabys. Es gibt ja auch kaum etwas Niedlicheres. Tatsächlich ist es super, wenn Sie die Katzenkinder direkt in die Nachbarschaft vermitteln können. Denn dann lebt dort nicht nur eine Verwandte von Ihrer Katze, sondern auch die dazugehörigen Menschen fühlen sich plötzlich wie Verwandte. Natürlich erzählt man sich gegenseitig, wie sich das Katzenkind entwickelt. Bei Krankheiten sind alle alarmiert. Die Katzen besuchen sich gegenseitig und die Menschen ebenfalls.

Unsere Welt ist so anonym. Kaum dass man den Nachbarn auf der Straße grüßt. Hat man Katzen aus einem Wurf, ist alles plötzlich ganz anders. Da trifft man sich zum Beispiel zum Katzengeburtstag. Man kann einen Katzenstammtisch gründen. Immer wieder mal bringt man das Muttertier im Korb vorbei, damit es das Wohlergehen der eigenen Brut miterleben kann. Katzenbabys kann man auch mal für ein Wochenende bei seinen Geschwistern abgeben, wenn man etwas vorhat. Kurzum: Ein Wurf Katzen macht aus Nachbarn ganz schnell eine große Familie. »Als meine Katze Junge bekam, habe ich Zettel an die Bäume in der Nachbarschaft gepinnt, dass ich welche abzugeben habe«, sagt Jutta K. (42), geschiedene Sachbearbeiterin bei einer Versicherung in Rostock.

»Da hat sich eine Frau gemeldet, die nur zwei Häuser von mir entfernt wohnt. Ich kannte sie gar nicht. Sie hat eines der Kleinen genommen. Heute ist sie meine beste Freundin.« Na, geht doch!

KAPITEL 9

Die Katze, der Single, die Partnersuche

Nie wieder peinliche Pausen beim allerersten Date

Man hat ein paar Mal telefoniert und sich dabei ganz gut verstanden. Endlich fasst er sich nun ein Herz und lädt sie auf einen Vino ein. Sie macht sich ganz besonders hübsch, ist aufgeregt und voller Vorfreude. Und da sitzt der Stiesel da und weiß nicht, worüber er sich unterhalten soll! Das Gespräch gestaltet sich, vorsichtig ausgedrückt, ein wenig schwierig. Er ist bestimmt ein toller Typ, keine Frage, aber warum spricht er so wenig? Sie ertappt sich dabei, dass sie verstohlen auf die Uhr schaut. Er merkt das natürlich und verkapselt sich noch mehr, denn er denkt: Sie langweilt sich mit mir. Diesen Abend habe ich in den Sand gesetzt.

Er hat damit ja gar nicht so unrecht. Hat er wirklich! Aber das muss doch alles nicht sein. Mit Katze wäre das nämlich nicht passiert.

Tatsächlich ist das erste Date nicht immer ein Highlight. Manchmal ist es sogar eine Katastrophe. Vor allem Frauen finden es grässlich, wenn diese peinlichen Gesprächspausen entstehen und der Mann sie nicht geschickt zu überbrücken weiß. Männern sind diese Pausen ebenfalls peinlich, aber sie sind so etwas aus ihrer letzten Beziehung gewohnt und sprechen sowieso nicht gern. Außerdem sind die meisten Männer schüchtern. Selbst wenn man sie direkt etwas fragt, antworten sie nur zögernd und suchen lange nach den richtigen Worten: Da vergeht die Zeit nicht im Flug, sondern sie kriecht buchstäblich im Schneckentempo dahin.

Hat einer der beiden – sagen wir mal, sie – jedoch eine Katze, so gibt es keine Gesprächspausen. Weil sie immer etwas zu erzählen hat. Was die Katze wieder mal angestellt hat, wie niedlich sie doch ist, wie man sich erst kürzlich große Sorgen um sie machen musste, wie sie neulich abgehauen ist, was man alles unternommen hat, um sie wiederzufinden – all das sind keine wirklich wichtigen Geschichten, aber man kann sie so wunderbar vor sich hin erzählen und vor allem: Männer tauen bei solchen Geschichten auf! Sie fragen interessiert nach, sind aufmerksam bei der Sache, geben vielleicht auch selber Tipps aus ihrer eigenen Kindheit, wo sie auch eine Katze hatten oder zumindest jemanden gekannt haben, der eine hatte.

Katzen sind ein wunderbares Gesprächsthema. Denn man steckt ja nicht drin in dem Tier. Kaum jemand ist wirklich Katzen*experte*, obwohl sich viele dafür halten. Alles, was man zu wissen glaubt über Katzen, könnte ebenso gut auch eine ganz andere Erklärung haben. Vielleicht eine viel simplere. Oder eine viel kompliziertere. Also trumpft man nicht mit der eigenen Katzenkenntnis auf, sondern man spricht auch von den vielen Zweifeln, die man hat. Zum Beispiel geht es um das Thema, ob die Katze denken kann oder nicht. Das ist natürlich kein katzenspezifisches Thema, sondern es betrifft die meisten Tiere außer Einzellern. Aber egal! Heute Abend diskutiert man eben, ob die Katze denken kann.

Da kommt man schnell vom Hundertsten ins Tausendste, die Diskussion wird hitzig, beide haben etwas beizutragen und kleine Anekdoten parat, was sie mal irgendwo gelesen oder gehört haben. Wunderbar! Oder man trauert gemeinsam über ferne Länder, in denen es Katzen schlecht geht, wo sie misshandelt bzw. gegessen werden. Sie beklagt sich über diese schlimme Tierquälerei. Er sagt, das sei eben eine andere Kultur. Da kann man schon wieder eine neue Debatte anfangen: Ist es denn auch dann Tierquälerei, wenn diese in einer bestimmten Kultur gesellschaftlich als normal akzeptiert wird? Wenn ja, wäre »Quälerei« ein objektiver Begriff, der quasi unangreifbar über den verschiedenen Kulturen stände.

Das wiederum kann aber nicht sein, weil die Frage, was als Quälerei gilt, doch immer abhängig von der jeweiligen Kultur ist. Jetzt kommt die nächste Frage auf: Was ist denn eigentlich eine »Kultur«? Er sagt vielleicht (allerdings muss er dazu schon ziemlich viel Intelligenz mitbringen), dass Kultur ein Konsens ist darüber, was gut und was schlecht ist, was geachtet und was geächtet wird, was zum Beispiel als Kunst gilt und was als Handwerk, der jeweilige Glaube kommt dazu und – um auf die Katze zurückzukommen – natürlich ist es auch kulturabhängig, was als verabscheuungswürdige Quälerei gilt und was zum Beispiel ein religiöses Opfer oder eben eine Folge der Einordnung von bestimmten Tieren in die kulturell vorgegebene Hierarchie ist. Die Hindus, hat er gelesen, halten Kühe für heilig und fahren auf der Straße sorgsam um jede Kuh herum, die genau dort ihren Mittagsschlaf hält. Wer eine Katze quält, hält sie dagegen, ist ein Tierquäler, egal in welcher Kultur und egal, auf welcher Stufe der Hierarchie die Katze steht. Das hält er nun wiederum für fragwürdig, und … Wenn er sie am Ende nach einer durchdiskutierten Nacht vor ihrer Wohnung absetzt, dann sagt sie nicht: Wollen wir noch einen Kaffee bei mir trinken?, sondern: Willst du die Katze noch mal kurz kennenlernen?

Nie wieder der falsche Kerl im Bett

Frauen haben leider nicht viel Menschenkenntnis. Viele fallen ständig auf Männer rein, die es einfach nicht wert sind. Immer das gleiche Schema. Immer die gleichen Probleme. Immer die gleichen Enttäuschungen. Jedes Mal glauben sie an die große Liebe. Jedes Mal fallen sie kräftig auf die Schnauze. Von wegen verliebt, verlobt, verheiratet: Verliebt, verlassen, verheult müsste es eigentlich heißen, denn das ist sehr oft die Realität.

Wie viel besser ist eine Frau dran, die eine Katze hat! Katzen haben nämlich mehr Menschenkenntnis als Frauen. Das steht fest, das kann jeder Katzenhalter bestätigen. Vielleicht liegt es daran, dass schlechte Männer eine schlechte Aura haben? Oder riechen sie anders? Sehen wir Menschen nur die Fassade, und die Katze blickt tiefer hinein? Lassen wir uns von schönen Worten verführen und hat die Katze, nicht von der Sprache abgelenkt, einen klareren Blick auf die Seele?

Man weiß es nicht. Aber wie die Katze einen Menschen beurteilt: Darauf kann man sich verlassen. Man muss sie nur beobachten!

Die Katze ist nicht zu jedem nett. Aber jeder Mensch, der das erste Mal zu Gast ist, möchte nett zur Katze sein. Deshalb macht der Mensch immer dasselbe: Er hockt sich hin, sagt »Na, du?« oder »Du bist ja eine Süße« und streichelt die Katze. Das klingt wie ein Kompliment fürs Tier, aber eigentlich ist es nur eine Höflichkeitsfloskel in Richtung Mensch. So, als wenn der Mensch zum Menschen sagt: »Hübsch hast du es hier«, »Geile Wohnung«, »Oh, das ist aber schön« oder »Gemütlich eingerichtet, muss ich sagen!«. »Du bist ja eine Süße«, das sagen sogar Katzenhasser. Darauf können Sie wetten.

Es bedeutet – eigentlich nichts. Und darum ist es der Katze egal. So wie man von blinden Menschen erzählt, dass sie vieles intensiver empfinden können, weil sie nicht von optischen Eindrücken und Farben abgelenkt werden, so empfindet die Katze auch vieles intensiver als wir, da sie nachweislich nicht unsere Sprache spricht.

Wenn eine Frau mit Katze nun erstmals Besuch von einem Mann bekommt, mit dem sie eventuell etwas anfangen möchte, geht sie wahrscheinlich zunächst in die Küche und fragt von dort in Richtung Wohnzimmer, ob der Mann vielleicht etwas trinken möchte. Dann zählt sie auf, was sie alles hat (Champagner, Wein, Bier oder was auch immer). Der Mann antwortet irgendetwas wie »Champagner wäre nicht schlecht« oder so, weil er ja seinerseits was von der Frau will, und er hofft, dass es mit Schampus vielleicht einfacher wird. Nie würde er »ich nehme ein Bier« in Richtung Küche rufen, auch wenn er jetzt gern eines hätte, denn in dieser Situation verlangt man nicht nach Bier. Man outet sich sonst nämlich als biertrinkender Prolet und hat nach zwei Flaschen vielleicht auch noch eine Bierfahne, die sich lusthemmend auswirken könnte.

Aha, sagt sich die Frau, er will Champagner, oho, dann hat er wahrscheinlich noch was vor mit mir, und zufrieden lächelnd zieht sie die für diesen Fall schon vor Monaten kaltgestellte sündhaft teure Flasche aus dem Kühlschrank, um sie mit zwei ebenfalls schon vor Monaten blankgewienerten Gläsern (»dann klappt's auch mit dem Nachbarn«) auf einem ganz zufällig bereitstehenden Tablett so lässig ins Wohnzimmer zu befördern, als würde sie das täglich mindestens zweimal tun. Jetzt hat sie nur noch ein Problem: Wenn diese Flasche leer ist, gibt es im Kühlschrank keine zweite mehr, und sie kommt in Erklärungsnot. Aber dann kann man ja immer noch einen Rotwein von Lidl entkorken.

Aus alledem kann man getrost schlussfolgern, dass die Frau bis zum ersten »Prost« bzw. zum ersten aufgeknöpften Blusenknopf ziemlich abgelenkt ist und allerlei zu erledigen hat, was sie an einer soliden Einschätzung der Lage hindern könnte. Nicht so die Katze. Da der männliche menschliche Wohnungs- oder Übernachtungsgast vermutlich nicht darauf vorbereitet war, heute noch auf eine bestechliche Katze zu treffen, hat er garantiert kein Leckerli dabei und schon gar nicht mehrere verschiedene, so dass sich die Katze in einer ganz anderen Lage befindet als die beiden Menschen: Es gibt für sie keine Entscheidung zwischen Bier oder Champagner, weil es heute schlichtweg gar nichts gibt! So kann sie sich getrost und mit allen Sinnen auf die Frage konzentrieren, ob der Gast ein guter oder ein garstiger ist. Wie wird sie sich entscheiden? Lesen Sie hierzu das nächste Kapitel.

Das Urteil der Katze ist gnadenlos

Die Katze ist nicht gerecht. Dafür ist sie viel zu spontan. Sie urteilt aus dem Bauch heraus, hat keinerlei Lust auf Gegenargumente, ist diesen auch überhaupt nicht zugänglich und denkt gar nicht daran, ihren ersten Eindruck zu korrigieren. Sie gibt jedem Menschen immer nur eine allererste Chance und dann keine mehr. Von der lässt sie sich niemals abbringen. »Den mag ich« und »Den mag ich nicht« sind ihre klaren Alternativen.

Darum kann man die Katze eigentlich nicht so richtig ernst nehmen, denn jeder hat doch eine zweite Chance verdient, oder? Andererseits – ist die eigene beste Freundin nicht auch so? Macht sie sich nicht ebenfalls sofort ein Spontanbild und ordnet dem dann alles unter, was künftig noch passieren wird? »Ich hatte gleich ein schlechtes Gefühl«, sagt die allerbeste Freundin, »hab ich dir nicht von Anfang an gesagt, dass …« und »Ich wusste es ja«: Diese klassischen Sprüche könnten auch von der Katze stammen, wenn sie denn sprechen könnte. Sie schnuppert und sagt »Ja, den mag ich« oder »Nein, den mag ich nicht«. Sie springt dem Gast auf den Schoß und schubbert ihr Köpfchen an seiner Hand oder sie verzieht sich grimmig auf ihren Lieblingsplatz und guckt ihn aus der Ferne an.

Sie schnurrt oder sie schnurrt nicht. Schlimmstenfalls faucht sie sogar. Allerschlimmstenfalls fährt sie die Krallen aus. Und allerallerschlimmstenfalls setzt sie diese sogar ein. Trauen Sie künftig nur noch Männern, bei denen die Katze schnurrt. Werfen Sie jeden raus, bei dem sie faucht.

Ja, aber die Katze kann sich doch auch mal irren!, sagen Sie jetzt vielleicht. Mann und Katze, die könnten sich doch langsam aneinander gewöhnen! Denn sooo viele Männer kommen ja nun auch wieder nicht ins Haus. Und was ist denn, wenn die Katze grundsätzlich etwas gegen Männer hat? Also bei gar keinem schnurrt und alle kratzt? Dann kann man ja gleich ins Kloster gehen und allen menschlichen Freuden entsagen, wenn man die Entscheidung über Mann oder Nicht-Mann der Katze überlässt. Vielleicht ist die Katze ja auch eifersüchtig und es geht ihr gar nicht um einen selbst, sondern nur um ihr eigenes Wohl! Sie will vielleicht überhaupt keinen Mann in der Wohnung haben und faucht deshalb alle weg!

Kann sein. Die Katze ist ein Orakel. Einem Orakel kann man alles glauben, man kann ein Orakel ignorieren, und man kann ein Orakel grausam missverstehen. Weil Orakel falsch interpretiert oder nicht beachtet wurden, sind Hunderttausende altgriechischer Söldner abgeschlachtet worden, und manch eine ägyptische Pharaonen-Ehe wurde leider nie geschlossen. Es liegt an Ihnen.

Sind Sie jetzt genauso schlau wie vorher? Na, das ist doch schon mal ein Fortschritt! Jedenfalls besser, als wenn Sie vorher schlauer gewesen wären als jetzt.

Katzen dürfen beim Sex im Zimmer bleiben, Hunde nicht

Kein Mensch hat es gern, wenn man Sex hat und ein Hund guckt einem hechelnd dabei zu. Ein Mann hat das schon mal sowieso nicht gern. Denn irgendwie hat er immer das Gefühl, dass der Hund ihn blöde angrient oder sich zumindest insgeheim über ihn lustig macht. Wenn es also ernst wird und die erste gemeinsame Nacht beginnt, sollte man als Frau, wenn man einen Hund hat, diesen lieber gleich wegsperren. Ja, das ist echt ein guter Tipp! Der Hund hat nur dann was im Schlafzimmer zu suchen, wenn man Sex in der Küche hat. Sonst ist der Mann irritiert. Irritationen können jedoch zu spontaner Erektionsschwäche führen. Und das wäre doch schade drum.

Mit Katzen hingegen ist das eine ganz andere Sache. Eine Katze ist mehr ein fremdes Wesen, also wie aus einer anderen Welt, fast vergleichbar mit einer Ikone, mit einem beweglichen Einrichtungsgegenstand, mit einem lebenden Bildnis, mit einem Gummibaum oder einer Skulptur, die ebenso dazugehört. Wegen einer Katze hat noch kein Mann Erektionsprobleme bekommen, aber wegen eines Hundes durchaus. Die Katze darf also gelangweilt auf der Fensterbank sitzen oder sich unterm Bett einrollen und der Mann wird es total akzeptieren. Kein Mensch weiß, warum das so ist. Also müssen wir es als Erfahrungstatsache ohne weitere Beweise einfach mal so hinnehmen.

Die Katze wird ja wohl hoffentlich nicht auf die Idee kommen, dass hier zwei Menschen miteinander spielen und sie unbedingt mitspielen sollte; also ein fröhlich schnurrender Kater auf dem Po des Mannes in der Missionarsstellung könnte dann doch wieder zu den oben beschriebenen Irritationen mitsamt den daraus resultierenden unangenehmen Folgen führen. Dann aber kann man Kater oder Katze ja immer noch hinauskomplimentieren.

Ganz anders ist es nach dem Sex. Da kann so eine Katze, wenn sie entspannt auf der Bettdecke liegt, durchaus das beiderseitige menschliche Wohlbefinden heben! Männer streicheln nach dem Sex ja bekanntlich nicht mehr so gerne, jedenfalls keine Frau, und wahrscheinlich stehen sie lieber gleich auf und holen sich was zu trinken oder so, aber in der Zeit kann man als Frau sehr schön die Katze streicheln und hat dadurch noch ein bisschen mehr Zärtlichkeit. Auch der Mann ist froh, wenn er zurückkommt mit seinem Getränk, denn nun hat er seine Ruhe und kann entspannt den unvermeidlichen postkoitalen Gedanken nachhängen. Kurzum: Eine Katze beim Sex ist viel, viel besser als ein Hund beim Sex.

Der »Morgen danach« ist mit Katze viel entspannter

Nach einer leicht bezechten Liebesnacht stellt sich am nächsten Morgen oft ein unangenehmer Kater ein. An dieser Stelle fragt man sich natürlich, warum dieses miese Gefühl nach der Sauferei von gestern Abend eigentlich ausgerechnet als »Kater« bezeichnet wird. Denn der Kater kann ja nun wirklich nichts dafür, dass man einen Kater hat, oder?

»Als Kater oder Katzenjammer (griechisch: *Veisalgia*) bezeichnet man umgangssprachlich das Unwohlsein und die Beeinträchtigung der körperlichen und geistigen Leistungsfähigkeit eines Menschen infolge einer leichteren Alkoholintoxikation[*]. Die auslösende Alkoholmenge variiert von Mensch zu Mensch. Wissenschaftler gehen davon aus, dass ein Kater bis zu drei Tage lang die Leistungsfähigkeit einschränken kann.«[**] Na gut, das wussten wir aus eigener Erfahrung. Aber warum ausgerechnet »Kater«?

Aha, hier kommt's: »Das Wort stammt ursprünglich aus der studentischen Umgangssprache des 19. Jahrhunderts und ist scherzhaft abgeleitet von »Katarrh«, der jedoch mit den alkoholbedingten Symptomen nicht vergleichbar ist.«

Hm. Da haben die Studenten im vorletzten Jahrhundert also unseren Katzen etwas angehängt, wofür die gar nichts können! Nur weil »Kater« und »Katarrh« mit den drei Buchstaben K, A und T anfangen? Das ist nicht fair. Genauso ist es mit dem Schwein, denn man sagt ja auch: »So alt wird kein Schwein«, obwohl Schweine gar nicht so alt werden, dafür sind sie viel zu stressanfällig, und

---

[*] Also irgendwas mit Vergiftung. Na ja, so schlimm war es ja nun auch wieder nicht.
[**] Quelle: Wikipedia

dreckig sind Schweine schon mal gar nicht, sondern sie machen ihr Geschäft immer in dieselbe Ecke im Stall. Aber wir schweifen gerade etwas ab, oder?

Deshalb nun zurück zum Kater: »Nach einer leicht bezechten Liebesnacht (usw.) stellt sich der Kater ein«, hatten wir festgestellt, oder eben der »Katzenjammer« bzw. auf Griechisch die »Veisalgia«, und ganz ehrlich: Dann ist es schön, wenn man einen Kater oder eine Katze (ganz ohne Jammer) hat. Übrigens: Wäre »Veisalgia« nicht ein schöner Name für unsere nächste Katze? Weiß doch keine Sau[*], warum die so heißt! Aber wir schweifen schon wieder ab.

Wenn man also nach der ersten Nacht zu zweit erwacht, erhebt man sich ja irgendwann, setzt einen Kaffee auf und guckt vorher noch schnell in den Spiegel, ob man dem unerwartet über Nacht gebliebenen Gast auch zumutbar ist. Gleichzeitig versucht man sich an den Verlauf der Nacht zu erinnern und wenn das ganz gut gelingt, dann stellt man entweder fest, dass man sie (also die Nacht) wiederholen möchte, oder dass sie ein großer Fehler gewesen ist. Beide Möglichkeiten setzen einen, egal, ob Mann oder Frau, unter erheblichen Druck. Im ersteren Fall möchte man jetzt natürlich keinesfalls in irgendein Fettnäpfchen treten, das ihn/sie unmittelbar und abrupt vertreiben könnte. Man achtet also sorgsam darauf, was man sagt und tut. Dadurch gerät man zwangsläufig in Stress. Im letzteren Fall möchte man ihn/sie so schnell wie möglich loswerden, keinesfalls irgendeine Verabredung für irgendwann treffen und auch keine Telefonnummern oder sonstigen Intimitäten austauschen, also man möchte so schnell wie möglich wieder alleine sein, und auch das bedeutet Stress. Man lässt den Kaffee durchlaufen, fragt »Mit Milch und Zucker?«, er oder sie antwortet irgendwas in der Richtung »Nur Milch« oder »Schwarz wie meine Seele« (haha), man sitzt sich dann gegenüber und, äh, irgendwie ist es peinlich.[**]

* Schon wieder das arme Schwein bzw. die arme Sau.
** Oder es ist ganz, ganz toll. Aber auch dann ist eine Katze nicht verkehrt.

Wenn man nun aber sagen kann: »Fütterst du schon mal die Katze? Futter steht da im Regal! Ich deck eben schnell den Tisch«, dann ist es einfach entspannter. Nun haben beide was zu tun. Möchte man mehr miteinander unternehmen, ist die Katze jetzt schon mal etwas schönes Gemeinsames. Möchte man nichts mehr miteinander unternehmen, geht die Zeit, bis er/sie sich die Schuhe zubindet und auf die Uhr schaut, einfach schneller herum. Capito? Singles mit Katzen überstehen den ersten »Morgen danach« einfach viel entspannter.

Mit Katze darf sie sich bei ihm melden, ohne Katze keinesfalls

Es gibt nach dem ersten Date eine eiserne Regel, und die heißt: *Sie* darf sich nicht zuerst bei *ihm* melden. Das ist natürlich total antiquiert. Trotzdem ist es Gesetz. Spielte nun aber eine Katze beim ersten Date eine Rolle, zum Beispiel weil sie ausgerechnet beim Sex dazwischengefunkt und trotzdem am nächsten Morgen liebevoll ihr Futter bekommen hatte, so kann die Katze ein willkommener Anlass bzw. eine gute Ausrede sein, warum man von der oben erwähnten eisernen Regel einfach abweichen *musste*. Eine SMS mit dem Inhalt »vermisse dich« ist zum Beispiel nach der allerersten Nacht eine sehr schlechte Idee, wenn sie von *ihr* kommt. Eine SMS mit dem Inhalt »die Katze fragt nach dir« ist hingegen (mit Vorbehalt) zulässig. »Mit Vorbehalt« deswegen, weil es (wie schon erwähnt) für eine Frau am allerbesten ist, sich gar nicht zu melden. Aber wenn es schon sein muss, und man hält es gar nicht mehr aus, dann eben lieber die Katze sprechen lassen! Sie ist ein so schön unverbindliches Thema, ihr kann man alles unterstellen und anlasten. Sogar eine gewisse Zynik ist möglich; man könnte zum Beispiel, wenn man vor Sehnsucht schier zerfließt und der blöde Kerl meldet sich einfach nicht, eine SMS mit diesem Inhalt schreiben: »Die Katze sagt, dass wir uns keinesfalls wiedersehen sollten. Und ich höre immer auf meine Katze.«

Ha! Genial gut! Man hat die eiserne Regel quasi ausgehebelt, hat Unabhängigkeit gezeigt *und* den ersten Schritt getan! Denn nun hat er ja alle Möglichkeiten. Die Antwort-SMS (und sie wird kommen, verlassen Sie sich drauf, denn das trifft ihn ins Mark) kann entweder lauten: »Ganz schön klug, deine Katze.« Dann weiß man, woran man ist, und hakt ihn ab. Oder: »Auch Goethe irrte. So wie deine Katze.« Dann kann man jubelnd die Arme hochreißen und sofort zum Telefon greifen, um sich fürs zweite Date zu verabreden.

Aber halt! Die Antwort-SMS »Ganz schön klug, deine Katze« besagt noch gar nichts! Vielleicht will er sie nur zappeln lassen? Spielt geschickt mit ihrer abgrundtiefen Enttäuschung, die er bewusst einplant und mit der er sich umso interessanter machen möchte?

Das muss nicht so sein, aber es ist möglich. Maria, eine hübsche Kellnerin aus Berlin, hatte ihren Stammgast Holger gerade erst näher kennengelernt (erster Kuss, mehr nicht), als Holger auf eine längere Reise gehen musste. Um ihn eifersüchtig zu machen, schickte Maria ihm eine SMS nach Spanien mit folgendem Text: »Ich fange jetzt was mit dem Koch an, haha.« Hannes (cool) erkannte den darin enthaltenen Scherz und antwortete: »Mach doch.« Maria und Holger sind jetzt schon über zwei Jahre glücklich verheiratet. Das *kann* also klappen, *muss* aber nicht! Deshalb sollte man als Frau auf die SMS, dass die Katze klug ist, keinesfalls mehr antworten und einfach abwarten, was passiert.

Über Katzen
lässt sich trefflich streiten

Irgendwie ist so eine Katze wie ein gemeinsames Kind. Nur dass sie nachts nicht schreit, und Windeln braucht sie auch nicht. Gerade in schlechten Zeiten, wie wir sie gerade erleben, ist die Katze ein sehr angenehmes Bindeglied zwischen Mann und Frau. Immer weniger Paare setzen angesichts der Wirtschaftskrise Kinder in die Welt, obwohl das natürlich erstrebenswert wäre. Aber die Zeiten sind den jungen Leuten zu unsicher. Will man es ihnen verübeln? Niemand weiß doch, ob er morgen noch Arbeit hat und das Kind finanzieren kann. Man sagt ja, dass jedes Kind bis zum Abschluss der Ausbildung den Gegenwert eines Einfamilienhauses kostet! Und wer kann sich heutzutage schon ein, zwei oder sogar drei Häuser leisten?

Trotzdem möchte man doch etwas Gemeinsames haben mit dem neuen Partner bzw. mit der neuen Partnerin. Da ist die Katze wirklich genau die richtige Alternative. Es ist doch besser, wenn zwei Menschen, die sich lieben, eine Katze aufziehen – als dass sie gar nichts Gemeinsames haben! So eine Katze verbindet in guten wie in schlechten Zeiten. Sie braucht Aufmerksamkeit und Liebe. Sie lässt sich (wenigstens ein bisschen) erziehen bzw. zu irgendwas überreden. Sie schmust so gern und braucht ihre Streicheleinheiten. Sie hat ihren Favoriten in der Familie und zeigt dem anderen die kalte Schulter (es sei denn, er hat was Feines vorzuweisen). Dadurch erzeugt sie eine gewisse Konkurrenz zwischen den Menschen – ganz so, wie ein Kind das auch tut. Total egoistisch, aber gut!

Über eine Katze kann man sich auch ganz schön in die Haare

kriegen, aber auch das verbindet. Ich möchte Ihnen mal ein Beispiel dafür erzählen. Draußen ist es richtig kalt, es ist ungefähr zehn Uhr abends, meine Frau und ich sitzen wie jeden Abend in der Küche und die Katze springt wie jeden Abend so ungefähr um zehn Uhr von draußen aufs Fensterbrett und tut so, als wenn sie reinkommen möchte.

Ich weiß jetzt genau, was passiert. Meine Frau räumt das Fensterbrett von innen leer, das uns traditionell als Ablagefläche für alles dient, was sich im Laufe des Tages so angesammelt hat (Zeitungen, unwichtige Post, Einkaufszettel usw.) und macht das Fenster auf, um die Katze hereinzubitten. Die Katze hingegen macht wie jeden Abend so ungefähr um zehn Uhr keinerlei Anstalten, die Küche zu betreten, weil sie mich ja da sitzen sieht, und Männer mag sie nicht so gern, also steckt sie nur ihren Kopf in die Küche, guckt mich missmutig an und verzieht sich wieder, woraufhin meine Frau weitere Anstrengungen unternimmt, um sie doch noch reinzulocken, also sie zeigt ein feines Leckerli, redet beruhigend auf das eigenwillige oder besser gesagt: auf das starrköpfige Tier ein, lockt und streichelt und macht und tut, und mir wird langsam kalt, außerdem habe ich den ganzen Papierkram auf dem Tisch, der sonst dort liegt, wo er hingehört, nämlich auf dem Fensterbrett.

Schon steckt die Katze wieder ihren Kopf durchs Fenster, guckt mich erneut missmutig an, maunzt empört, zieht sich zurück und wird nun erst recht von meiner Frau angelockt. So geht das hin und her, bis ich aufstehe und mir einen Winterpulli hole, was aber nicht gut ist, denn wenn ich aufstehe, dann verzieht sich die Katze komplett, und meine Frau guckt mich missmutig an.

Es kommt natürlich der Moment, in dem ich meine Frau höflich und sanft bitte, doch nun endlich das verdammte Fenster wieder zu schließen, weil ich mir sonst einen Katarrh holen könnte.[*] Na ja: Wenn Männer höflich und sanft um etwas bitten, sagt die Frau meistens: »Schrei mich nicht so an!«

[*] Von dem Zusammenhang zwischen »Kater« und »Katarrh« ist in Grund Nr. 93 die Rede.

Das kennen Sie ja aus Ihrer eigenen Beziehung. Also haben wir ein kleines kommunikatives Problem, das wir nun lösen müssen, indem wir uns wieder vertragen. Das ist gut! Auch für die Partnerschaft! Denn sonst haben meine Frau und ich eigentlich keine Gelegenheit, uns zu zoffen. Abends um zehn aber, wenn es wieder einmal tierisch in der Küche zieht, nur weil diese Katze sich am wohlsten zwischen Außen- und Innenfensterbrett fühlt, da zoffen wir uns durchaus schon mal. Weil's einfach kalt wird in der Küche, und ich sehe das nicht ein. »MACH DAS FENSTER ZU!« »SCHREI MICH NICHT SO AN!« Jeden Abend dasselbe. Und täglich grüßt das Katzentier.

Männer halten Frauen mit Katzen für kapriziös

Der Mensch liebt seine Vorurteile, und ohne sie hätte er wahrscheinlich überhaupt keine Meinung mehr. Jeder Porschefahrer ist ein Protzer, in jedem Reihenhaus wohnt ein Spießer, jeder Kampfhundbesitzer ist asozial, jeder Single hat keinen abgekriegt und jede Frau mit einer Katze ist eine komplizierte, kapriziöse, schwer in den Griff zu kriegende Persönlichkeit. Ist es nicht verrückt, wie schnell wir andere Leute nur wegen eines einzigen Symptoms gleich in eine Schublade stecken? Denn das ist natürlich alles ausgemachter Blödsinn.

Der Porschefahrer hat es vielleicht gar nicht nötig, zu protzen. Er fährt aber gerne schnelle, schöne Autos und kann sie sich nun einmal leisten. Im Reihenhaus wohnt vielleicht ein kreativer grüner Querdenker mit seiner siebten Ehefrau und den fünf Kindern aus sieben Ehen, aber er hat nun einmal keine Lust auf einen großen Garten und ist allein schon aus Klimaschutzgründen durchaus zufrieden mit zwei statt vier Außenmauern. Der Kampfhundbesitzer ist vielleicht so friedlich wie sein Pitbull, einer übrigens extrem verträglichen und kinderlieben Hunderasse, die nur leider oftmals (aber eben nicht immer) kopfkrank gezüchtet wird. Wenn er nun eine Rentnerin ganz harmlos fragt, ob er ihr die Einkaufstasche tragen darf, kriegt die nach einem Blick auf seinen Hund ganz automatisch einen Herzkoller. Nicht alle Singles haben keinen abgekriegt, sondern viele wollen gar keinen abkriegen. Und die Frau mit Katze?

Die Frau mit Katze hält der Mann, bekanntlich eher einfach im Kopf, wie schon erwähnt für kompliziert. Das ist für die Frau aber gar nicht so schlecht! Raus ist sie aus der Schublade des Heimchens am Herd, gar nicht mehr aufschauen muss sie zu ihm, Augenhöhe ist angesagt, der Mann muss sich ein bisschen bemühen, denn so eine schwierige Frau kriegt man ja nun wirklich nicht so ohne Weiteres rum. Vermutlich hat sie ihr Leben gut im Griff. Sie braucht eigentlich niemanden für ihr Glück. Selbstständig ist sie und autark. Kurzum, es muss sich hier um eine starke Frau handeln. Der muss man schon etwas bieten – auch intellektuell, o je, auch das noch! Der Mann jedenfalls, er zeigt sich automatisch von seiner besten Seite.

Das alles ist ein subtiler, unbewusster Vorgang im männlichen Gehirn. Darauf angesprochen, würde er es leugnen, weil es ihm gar nicht bewusst ist. Es ist eine automatische Reaktion, eine sich selbst öffnende Schublade. Der Mann legt die Schablone »Katze« auf die Schablone »Frau«, er glaubt, dass es passt, und er benimmt sich entsprechend.

Stellen Sie sich einmal vor, die beiden haben sich gerade erst kennengelernt, die Frau erzählt von ihrer Birma. Oder von ihrem Abessinier, der Ägyptisch Mau, dem Balinesen, der Bombay. Die Augen ihres Gegenübers sind zwei große Fragezeichen. Eher hochmütig gibt sie ein bisschen was von Herkunft, Charakter und Historie dieser eher seltenen Rassen preis, so nach dem Motto: »Was, das weißt du nicht?«, und wechselt dann rasch das Thema, um sich wirklich erwähnenswerten Dingen zu widmen: Der Mann wird sich nachdenklich am Barte kratzen, die Frau mit ganz anderen Augen sehen und insgeheim grübeln, was er denn einer Ägyptisch Mau entgegenzusetzen hätte. Wunderbar!

Nun stellen Sie sich einmal vor, die Frau hat einen Mops. »Hähä«, sagt der Mann. »Einen Mops also.« Und er fragt sich automatisch, ob die Frau nach Ablauf der nächsten 20 Jahre vielleicht auch so aussehen wird wie ein Mops. Kann gut sein, dass er sofort die Rechnung bestellt! Welches Image hat eine Mops-Frau? Das überlegen sich die Wenigsten, aber es kann wichtig werden. Noch schlimmer ist es natürlich, wenn die Frau zwei Möpse hat!

Was soll sie dann sagen? »Ich habe zwei Möpse« geht irgendwie gar nicht. Es sei denn, sie macht es mit Absicht und sagt unvermittelt zu ihrer neuen Bekanntschaft: »Ich habe zwei dicke Möpse.« Wer ihr nach diesem Satz noch in die Augen schaut und nicht woandershin, der ist entweder volltrunken oder ein wahrer Gentleman.

Die Qualität eines Mannes kann man auch an seiner Antwort erkennen. Beim Beispiel der zwei liebenswerten Hunde wäre »Ich liebe dicke Möpse« eine zwar nicht sonderlich intelligente, aber immerhin doch noch akzeptable Spontanantwort; »das finde ich aber nicht« wäre eindeutig die falsche. Was die Ägyptisch Mau angeht, so kann man von einem Mann zumindest erwarten, dass er sich vorher etwas schlaugemacht hat, mit wem er heute Abend eigentlich verabredet ist, und wenigstens etwas von der Exilrussin Nathalie Troubetzkoj zu erzählen weiß, die von der Tupfenzeichnung der Katzen in Kairo so begeistert war, dass sie zwei davon nach Italien holte und dort mit einem Kater paarte, den sie vom syrischen Botschafter bekommen hatte. 1956 ging sie dann ja nach Amerika und registrierte 1958 ihre inzwischen aufgebaute Zucht zunächst unter dem Namen Fatima, woraufhin die Rasse der »Egyptian Mau« erst viel später, nämlich 1977, von der »Cat Fanciers' Association« anerkannt und ab 1988 auch in Europa gezüchtet wurde. Auch dass es mit circa 50 km/h die schnellste Laufkatze ist, die man überhaupt nur haben kann, sollte der Mann schon draufhaben. Na ja, Sie wissen das alles natürlich. Aber in den Augen des Mannes ist vermutlich wieder einmal nichts außer diesen großen Fragezeichen.

Mann mit Katze
kriegt jede Frau rum

Man sollte sich als Single-Mann natürlich keine Katze zulegen, um Frauen flachzulegen. Das wäre gemein (der Katze gegenüber). Aber man muss auch der Tatsache ins Auge sehen, dass Katzen in einem männlichen Single-Haushalt die Herzen aller Frauen erwärmen. Und zwar noch bevor sie die männliche Single-Wohnung auch nur ein einziges Mal von innen gesehen haben. Der Single-Mann muss nur davon erzählen, dass er zu Hause eine Katze hat, und schon schmelzen sie dahin. Woran liegt das wohl?

Es liegt wahrscheinlich daran, dass die Single-Frau von einem Mann mit viel Zärtlichkeit, Gefühl und emotionaler Ausdruckskraft träumt. Sie möchte sich zwar an eine starke Schulter anlehnen können und es wäre toll, wenn ihr neuer Partner in seinem Job total erfolgreich wäre und jede Menge Kohle ranschaffen würde, aber gleichzeitig soll dieser »Mr. Right« auch sanft und liebevoll sein können. Also so ganz anders, als es ihr letzter Freund gewesen ist. Wer nun als Mann eine Katze zu Hause hat, der muss ja zwangsläufig sanft und liebevoll sein. Einerseits den harten Macho heraushängen lassen und andererseits mit einer Träne im Augenwinkel von dem anrührenden Moment erzählen, als die Katze neulich nach zwei Tagen Stromerei in der Nachbarschaft plötzlich wieder vorm Fenster wartete … Genial! Die Frau hat in diesem Moment nur einen Wunsch: endlich die Katze des Mannes kennenzulernen. Möglichst noch in dieser Nacht.

Da kann man ja Abhilfe schaffen, oder? Die gute alte Briefmarkensammlung ist jedenfalls nichts gegen die eigene Katze. »Darf ich dir mal meinen kleinen Kater zeigen?« kommt viel besser und ist so eindeutig zweideutig, dass es eindeutig nicht einmal mehr zweideutig ist.

Trotzdem muss man als Mann aufpassen. Wenn man bisher nichts auf die Reihe gekriegt hat im Leben und Sandalen sowie einen Rucksack trägt, wenn man dann von den vielen Projekten erzählt, die man gerne realisieren würde (würde!), wenn man dann noch eine eher erfolglose Vorgeschichte beichten musste, nicht genug Cash für die Restaurant-Rechnung dabeihat, deshalb getrennte Rechnungen verlangt und zum Nachtisch auch noch was von der eigenen Mutter erzählt, dann könnte die Erwähnung, dass man zur Krönung dieser ganzen Peinlichkeiten auch noch eine liebe Katze zu Hause hat, eher kontraproduktiv sein. Dann kriegt man mit Katze so wenig geregelt wie ohne. Und das ist nun wirklich nicht zweideutig, sondern ganz eindeutig der Fall.

Katzen-Singles erkennt man am Einkaufswagen

Da haben sich zwei gesucht und gefunden – ja, aber wo denn? Und wie? Hundefreunde haben es leichter, denn sie führen ihre Lieben an der Leine durch den Park und wenn man selbst auch ein liebes Wesen an der Leine durch den Park führt, hat man schon einiges gemeinsam und kommt rasch ins Gespräch. Ein Lächeln, ein Schnuppern und ab geht die Post. Na ja, nicht immer funktioniert es so schnell. Aber Hunde machen kommunikativ. Das steht außer Frage.

Katzenfreundin und Katzenfreund hingegen, die erkennen sich ja nicht! Die fahren vielleicht jeden Morgen mit derselben U-Bahn, grüßen sich schüchtern (was schon viel wäre) oder gucken jahrelang aneinander vorbei (was die Regel ist). Dabei würden sie sooo gut zusammenpassen, und ihre beiden Katzen auch. Da hilft nun der Supermarkt.

Denn was hat die Katzenfreundin im Einkaufswagen? Genau: Katzenfutter und Katzenstreu. Und der Katzenfreund? Eben. Man kann sogar feststellen, ob »er« auf den Euro gucken muss. Denn zwischen der Riesenpackung Trockenfutter von der Hausmarke im Sonderangebot und der Luxusmahlzeit mit Lachs und Forelle im Aufreißpack liegen ja nun wirklich Welten, also da kann man sich ja bald einen Kleinwagen von kaufen. Man kann auch gleich sehen, ob »sie« wirklich ein Herz für Katzen hat, denn dann liegt da nicht nur das eigentliche Futter im Einkaufswagen, sondern bestimmt auch noch eine Packung mit feinen Leckerlis. Ein Blick in den Wagen, ein Augenkontakt, ein Lächeln und ein kleiner Smalltalk über die Katze als solche und meinetwegen auch über die unverschämt gestiegenen Preise für Katzenfutter: schon die halbe Miete!

Noch besser und effizienter ist es natürlich, wenn man in ein Tierzubehörgeschäft geht, also in so eine Art Lidl für Tierfreunde. Da ist die Quote der Katzenhalter natürlich extrem hoch. Zwar hat jeder zweite Kunde einen Hund und jeder dritte einen Kanarienvogel, auch die Reptilienbesitzer muss man erst einmal erkennen und aussortieren, aber es sind doch auch viele Katzenmenschen da, die zum Beispiel nachdenklich vor den vielen Regalen mit Katzenspielsachen anzutreffen sind. Die reinste Kontaktbörse ist das! Wer hier verweilt, der hat eine Katze oder kennt zumindest jemanden, der eine Katze hat. Ein gut aussehender Mann ohne Ehering ganz gedankenverloren mit der Kunststoffmaus an der Angel in der Hand? Gleich voll in den Einkaufswagen reindonnern oder die eigenen Leckerlis aus Versehen in seinen Wagen fallen lassen! Eine hübsche Frau kann sich nicht entscheiden, ob sie die Billig-Streu oder das teure Zeugs kaufen soll? Aus einem guten Rat ist schon oft guter Sex geworden. Und wenn man sich erst einmal gegenseitig die Katzenhaare aus der Jacke gezupft hat, kann man doch eigentlich auch einen Vino zusammen trinken gehen.

Nicht ganz unerwähnt dürfen die Luxuskatzenläden bleiben. Auch sie sind eine nicht zu unterschätzende Location für flirtwillige Katzenhalter und -innen. Man findet sie in den feinen Einkaufspassagen der Großstädte, muss als Landei also vielleicht mal eine Weile Auto fahren. Aber das könnte sich lohnen. Was hier an wohlhabenden Katzenfreunden, hauptsächlich aber an schwerreichen Katzenfreundinnen jedes Alters anzutreffen ist, das ist der Hammer! Am Handgelenk baumeln die glitzernden Armreifen und sie kaufen die siebte Katzendecke der Saison, weil sich ja der Geschmack in Bezug auf die Farben ein wenig geändert haben soll. Diese Luxusläden führen sowieso alles, was die Katze noch nie gebraucht hat. Aber was soll's, man darf sich nicht lustig machen: Ist es nicht schön, wenn jemand, der vielleicht ganz alleine ist, der Katze nicht nur sein Herz, sondern auch sein Geld schenkt? Lieber eine verwöhnte

Katze im teuersten Ambiente als eine verwahrloste scheue, die auf der Straße leben muss!

Obwohl, da kann man ja nun auch wieder nicht so sicher sein. Denn man weiß ja nicht so genau, welche Katze nun eigentlich glücklicher ist: die reiche oder die arme? Das ist ein weites Feld, über das man lange diskutieren kann. Hier geht es aber nur um Locations, wo man garantiert andere Katzenfreunde treffen kann. Sucht man welche mit einem gewissen finanziellen Niveau, sind diese Luxusläden allemal empfehlenswert.

Katzenallergie ist ein plausibler Trennungsgrund

Dieser 99. ist sicher ein überraschender Grund, Katzen zu lieben. Aber man muss die Sache doch auch mal von der anderen Seite aus betrachten. Wenn *sie* eine Katze hat, und *er* sucht händeringend einen Grund, sich von *ihr* zu trennen, aber es fällt ihm einfach keiner ein, und kränken möchte er sie nun wirklich nicht: Da kommt doch eine spontan auftretende Katzenallergie genau richtig! Denn *sie* würde sich natürlich niemals von ihrer Katze trennen. Männer kommen und gehen, sagt sie sich – aber meine Katze, die bleibt mir treu, solange sie lebt.

Eine Katzenallergie kann eigentlich nur ein Spezialist nachweisen. Das ist günstig für den listigen Katzenallergiesimulanten. *sie* wird ihn ja sicher nicht gleich zum Facharzt schicken und ein schriftliches Gutachten fordern, denn das wäre unerotisch. Dann kommt hinzu: Anfangs hat die Katzenallergie dieselben Symptome wie ein Schnupfen und ist anderen Allergien – zum Beispiel gegen bestimmte Pollen – sehr ähnlich (rote Augen, verstopfte Nase usw.). Die Katzenallergie ist also sehr leicht zu simulieren, zum Beispiel mit Hilfe einer frisch aufgeschnittenen Zwiebel oder indem man sich mit nassen Füßen in die Zugluft stellt.

Wird es schlimmer, kriegt man vom kleinsten Kratzer der Katzenkrallen Hautrötungen und Entzündungen. Auch die kann man vortäuschen, indem man zum Beispiel die Haut mit etwas Rouge bearbeitet. Später kann man dann schlimme Atemnot kriegen. Die »richtige« Katzenallergie kann ja bekanntlich sogar zu chronischem Asthma führen! Also ein bisschen keuchen und schwer atmen, so dass *sie* Angst um einen bekommt.

Günstig ist auch, dass man eine Katzenallergie nicht unbedingt von Geburt an hat, das heißt: Sie kann durchaus plötzlich auftreten. Also wird es dem fluchtbereiten Mann nicht schwerfallen, zumindest eine leichte beginnende Katzenallergie vorzutäuschen und somit einen guten Grund zu haben, erst einmal für einige Tage *ihre* Wohnung zu meiden. Das schafft Luft, die man gerade jetzt in der Vorbereitung einer schmerzlichen Trennung gut gebrauchen kann.

Ihr Gegenargument, das sei ja alles nicht so schlimm und nun könne *sie* ja vorerst einmal bei *ihm* übernachten, wehrt man natürlich entsetzt ab. Man weiß doch, dass die allergenen Auslöser nicht nur in der Luft sind, die auch die Katze atmet! Die sind überall. In den Menschenhaaren ebenso wie in den Klamotten, auf den Schuhen, sogar in der Unterwäsche. Nein, nein: Um dauerhafte gesundheitliche Störungen bis hin zur Invalidität so weit wie möglich auszuschließen, sollte man sich wohl eine Weile am besten gar nicht mehr treffen, außer vielleicht in der Halle vom Hauptbahnhof, aber auch dann nur mit mindestens einem Gleis Abstand dazwischen. Und ... tschüs. »Ich liebe dich aber trotzdem!«, ruft der Mann noch aus dem Treppenhaus über die Schulter zurück. *Sie* denkt, dass er *sie* meint. *Er* weiß, wen er wirklich meint: die Katze natürlich, weil sie ihm diesen flinkesten aller Abgänge ermöglicht hat.

KAPITEL 10

Die Katze,
Krankheit, Tierarzt, Tod –
und Liebe
weit darüber hinaus

Die vielen schönen Fotos, auf denen man nix sieht

Die meisten Katzenfreunde haben mehr Fotos von ihren Katzen als von ihren Kindern, sofern sie denn Kinder haben. Das bedeutet aber überhaupt nicht, dass man die Katzen mehr liebt als die Kinder, sondern es macht Sinn: Denn während die meisten Kinder uns Gott sei Dank überleben, sterben die meisten Katzen, die wir haben, vor uns.

Nur Menschen mit schwarzen Katzen haben relativ wenige Fotos von ihnen. Das liegt wiederum daran, dass man auf den Fotos immer nur dasselbe sieht, nämlich einen schwarzen Klecks mit Augen. Bei uns an der Nordsee ist zum Beispiel der Abendhimmel unvergleichlich schön, und eine getigerte Katze im Gegenlicht macht sich ausgesprochen dekorativ. Eine schwarze Katze jedoch, und unsere ist nun mal pechschwarz, bleibt immer ein schwarzer, undefinierbarer, kaum zu identifizierender Klotz vor einem schönen farbenprächtigen Himmel. Also hört man irgendwann einmal auf, sie zu fotografieren. Eine schwarze Katze ist kein schönes Fotomotiv. Von unserer gibt es sowieso nur ein einziges Foto, auf dem sie einigermaßen dekorativ auf die Kamera zuschreitet, obwohl sie zweifellos die schönste Katze der Welt ist. Natürlich gibt es noch viel mehr Fotos von der schönen schwarzen Katze. Aber die haben wir alle gelöscht. Man sieht halt nix darauf.

Ist die Katze aber krank und stirbt irgendwann einmal oder muss eingeschläfert werden, dann schaut man sich die Fotos von der Katze immer wieder an. Die meisten Katzenfreunde haben sogar ein Album mit ihren Katzenfotos. Da nicht alle so radikal mit ihren Fotos umgehen wie wir, gibt es viele Katzenalben, die nur aus Fotos mit schwarzen Klötzen im Gegenlicht bestehen. Aber den Katzenfreunden ist das egal. Sie können stundenlang in diesen Fotos blättern, auf denen man eigentlich gar nichts sieht, weil jedes Foto ihnen eine eigene Geschichte erzählt und sie sich gern daran erinnern, wie sie ebendieses Foto damals gemacht haben. Katzenfreunde sind seltsame Menschen. Wenn sie einem das Album mit den Katzenfotos zeigen, sollte man es keinesfalls rasch durchblättern nach dem Motto: »Die Fotos zeigen ja alle dasselbe, nämlich nichts!« Man sollte sich die schwarzen Klötze mit den großen Augen genau ansehen und auf jedem Foto mindestens zehn Sekunden verweilen, sonst sind die Katzenfreunde nämlich beleidigt und halten uns für schlechte Menschen.

Wenn die Katze krank spielt

Katzen leiden furchtbar. Selbst wenn sie sich nur ein wenig erkältet haben, scheinen sie dem Tod direkt ins Auge zu sehen. Man wird allerdings den Verdacht nicht los, dass dieser kleine schlaue Vierbeiner nur so tut, als wenn es ihm grottenschlecht geht. Denn eine kranke Katze hat es natürlich noch viel besser als eine gesunde.

Wenn man zum Beispiel die Katze morgens grundsätzlich ins Freie jagt, egal ob es regnet oder schneit (schließlich soll sie ja nicht verweichlichen!), dann empfindet die Katze diesen Stress bei schlechtem Wetter als äußerst unangenehm. Zwar fügt sie sich in ihr schweres Schicksal, aber eigentlich würde sie viel lieber drinnen bleiben und weiterschlafen. Ist sie nun aber ein bisschen krank und tut so, als wenn sie richtig krank wäre, dann treibt sie niemand ins Freie. Sie hat einen schönen Tag und uns Menschen wieder einmal so richtig schön an der Nase herumgeführt.

Beweisen lässt sich das natürlich nicht. Einer Katze kann man gar nichts be- oder nachweisen. Aber wie sie jammert und klagt, mit viel Schauspielerei alle viere von sich streckt und demonstrativ auf krank macht, das ist schon auffällig! Hat man sich dann erweichen lassen und sagt: Na gut, dann bleibst du heute eben zu Hause, dann rollt sie sich augenblicklich zufrieden ein, blinzelt noch ein wenig und schläft weiter. So richtig krank wirkt sie plötzlich gar nicht mehr. Alles nur Show? Könnte sein.

Wir Menschen gehen mit der kranken oder vermeintlich kranken Katze so liebevoll um wie mit einem kranken Kind. Wir haben Mitleid mit ihr, wir pflegen sie möglichst rund um die Uhr, wir kaufen ihr etwas besonders Leckeres, wir entbinden sie von allen

Pflichten, wir schleppen sie zum Arzt, und wir sind heilfroh, wenn es ihr wieder besser zu gehen scheint. Und das alles soll die Katze, dieses megaschlaue Vieh, nicht instinktiv spüren? Ich glaube, sie spielt mit uns. Und das ist auch ihr gutes Recht! Wen man liebt, dem verzeiht man doch viel. Wir verzeihen der Katze auch diesen kleinen Betrug. Schließlich ist sie ja irgendwie unser Kind.

Sie ist richtig zäh

Eine Katze, sagt man, hat sieben Leben. Das ist natürlich Quatsch. Auch die Katze lebt nur einmal. Obwohl es natürlich möglich ist, dass sie nach ihrem ersten Leben noch sechsmal oder sogar noch öfter wiedergeboren wird, aber das meint dieses Sprichwort ja nicht. Trotzdem kann jeder Katzenfreund bestätigen, dass die Katze wirklich ausgesprochen zäh ist. Das kann man sogar wissenschaftlich nachweisen!

Woher kommt eigentlich das Sprichwort mit den sieben Leben einer Katze? Weil es unendlich viele Beispiele dafür gibt, dass sie eigentlich schon tot sein müsste. Aber sie lebt immer noch. Zum Beispiel können Katzen aus sehr großer Höhe herunterfallen und überleben. Das liegt an ihrem Skelett. Es hat eine geradezu perfekte Federung. Die Wirbelsäule ist extrem flexibel. Sie lässt sich verbiegen, ohne dass die Katze Schaden leidet. Die Katzengelenke sind so dehnbar, dass manch ein Mensch mit Gelenkproblemen blass vor Neid wird. Dazu kommen die gut gepolsterten Sohlen, die wie Airbags wirken.

Obendrein hat die Katze auch noch einen Reflex, der sie immer in die richtige Landeposition bringt. Sie dreht sich bei einem Sturz vollkommen kaltblütig so, dass sie auf den Pfoten landen wird. Was natürlich seine Zeit braucht!

Genau das ist der Grund für folgendes Phänomen: Je tiefer die Katze fällt, desto höher ist ihre Überlebenschance. Fällt eine Katze zum Beispiel aus dem zweiten Stock, so wird sie sich mit hoher Wahrscheinlichkeit schwer verletzen oder sogar sterben. Ganz einfach, weil die Zeit nicht ausgereicht hat, um sich in die richtige Position zu drehen. Stürzt die Katze aber aus dem siebten Stock oder noch höher, so halbiert sich die Todesquote. Es gibt sogar eine Katze, die aus dem 32. Stock gefallen ist und sich dabei nur leicht verletzt hat!

Wer das nicht glaubt, war schlecht in Physik. Denn die Katze wird ja nicht immer schneller, je länger sie fliegt. Sondern irgendwann hat sie ihre Spitzengeschwindigkeit erreicht (die liegt im freien Fall bei circa 80 km/h, und um diese zu erreichen, braucht sie circa 30 Meter Falltiefe). Danach wird sie nicht mehr schneller. Deshalb ist es ihr egal, ob sie aus dem 15. oder aus dem 32. Stock gefallen ist; im Gegenteil: Je höher die Zahl der Stockwerke, desto mehr Zeit hat sie, sich in die richtige Position zu bringen!

Das Sprichwort hat aber noch eine zweite Wurzel. Im Mittelalter glaubte man, dass sie ein dämonisches Tier sei. Hexen wurden vorzugsweise mit Katzen gezeigt. Und man glaubte auch, dass sich die Hexe kurz vor ihrer Verbrennung noch schnell in eine Katze verwandelt. Dieser Aberglauben hat den Katzen viel Folter, Pein und Qual eingebracht, denn auch sie blieben nicht verschont. Weil sie aber so manchen Mordversuch geschickt überlebten, hieß es schon wieder: »Seht ihr? Sie hat sieben Leben! Mindestens!« Die Engländer kannten das Sprichwort auch. Aber bei ihnen hatte die Katze nicht sieben, sondern sogar neun Leben.

Und sie ist so glücklich, wenn es ihr wieder besser geht

Das Rührendste, was es auf der ganzen Welt gibt, ist eine Katze in der Rekonvaleszenz. Wer einmal richtig wegen einer Katze gelitten hat, weil sie fast gestorben wäre, wer dann mit Hilfe eines guten Tierarztes eben noch die richtigen Maßnahmen zur Lebensrettung einleiten konnte, wer nächtelang am Katzenkorb gewacht hat und nun miterleben darf, wie sie sich blinzelnd und maunzend tapfer ins Leben zurückkämpft, der kann seine Tränen nicht mehr zurückhalten.

Eine Katze auf dem Wege der Besserung ist wie eine Kerze, die knapp vorm Erlöschen eben noch den Docht aus dem flüssigen Wachs befreien kann und flackernd wieder hell zu strahlen beginnt. Ein Symbol fürs Leben. Ein unglaublicher Mutmacher. Ein Zeichen vom Herrgott, dass man selber auch nicht so schnell aufgeben sollte.

Das Katzenglück in der Genesungszeit ist aber nicht nur spürbar, wenn es um Leben und Tod ging. Auch eine Katze mit einer leicht zu therapierenden Magen-Darm-Infektion, für eine Zeit auf Diät gesetzt, ist so unglaublich dankbar für die erste richtige Mahlzeit, für den ersten Sonnenstrahl in ihrem kleinen Leben nach der schwierigen Zeit der Krankheit, für die Rückkehr der lieben alten Gewohnheiten. Es ist ja auch blöd, wenn man tagelang nichts bei sich behalten konnte und überhaupt keinen Spaß am Fressen hatte, auch keine Mäuse mehr jagen mochte und einfach nur in Ruhe gelassen werden wollte. Jetzt plötzlich macht alles wieder Spaß, was man vorher so geliebt hat! Die Katze streckt und reckt sich, probiert ihre Möglichkeiten aus, legt sich auf den Rücken, putzt sich, streckt alle viere von sich, hat plötzlich wieder glänzende Augen, kuschelt sich an, kurzum – sie ist wieder da, sie spielt wieder mit, sie ist wieder die Chefin im Haus.

Ein schöner Tag im Tierarzt-Wartezimmer

Es gibt ja viele Menschen, die gehen zum Arzt, weil sie da so schön im Wartezimmer von ihren Leiden erzählen können. Wahrscheinlich würde es unseren Krankenkassen viel besser gehen, wenn es keine Wartezimmer mehr gäbe: Dann könnten die ganzen Rentner dort auch nicht mehr ihre Schwatzbude abhalten und ihre Stammtischweisheiten von sich geben.

Aber eins ist sicher: Gegen die Wartezimmer von Tierärzten sind die von den Allgemeinärzten gar nichts! Es ist sogar quasi unmöglich, sich mit der Katze in ein Tierarzt-Wartezimmer zu setzen, ohne unmittelbar darauf von anderen Katzenfreunden in ein längeres Gespräch verwickelt zu werden. Das ist übrigens kein Schaden für die Krankenkassen, weil die meisten Katzenfreunde ja Selbstzahler sind.

Erst einmal wird man natürlich interessiert angeguckt (als Mensch). Dann gilt das Interesse der Katze, die sich naturgemäß in diesem Moment in ihrem Korb befindet und nicht unbedingt gut drauf ist. Gut drauf sind die anderen Katzen in den anderen Körben der anderen Anwesenden aber auch nicht, denn kaum eine Katze geht gern zum Tierarzt bzw. lässt sich im Korb, in den sie sich dummerweise auch noch freiwillig begeben hat, dorthin tragen. Also hat man es eigentlich mit lauter mehr oder weniger dezent randalierenden Katzen in lauter ähnlich aussehenden Körben zu tun.

Da man nun schon mal durch die Tatsache, dass man beruhigend auf die jeweilige Katze einreden muss, etwas gemeinsam hat, bietet sich natürlich auch die Eröffnung eines Gespräches von

Mensch zu Mensch an (die Katzen unterhalten sich ja vermutlich sowieso schon lange). Die erste Menschen-Frage heißt natürlich: Was hat *Ihre* denn? Diese Frage kommt so sicher wie das Amen in der Kirche. Also erzählt man, was die eigene Katze hat, und versucht gleichzeitig weiterhin, sie einigermaßen zu beruhigen. Danach würde man allein schon aus reiner Höflichkeit gern fragen, was die Katzen der anderen im Wartezimmer sitzenden Menschen denn haben, aber dazu kommt man erst einmal nicht. Da diese sich schon gegenseitig ausgetauscht haben, während man selbst noch gar nicht im Wartezimmer saß, gilt das allgemeine Interesse nun der eigenen Katze. Jeder hatte schon mal eine Katze mit ähnlichen Problemen. Jeder ist damit schon von Dr. med. vet. Pontius bis zu Dr. med. vet. Pilatus gelaufen, aber geholfen hat letztendlich …

Suchen Sie sich was aus, Sie werden alles hören! Homöopathie, Bachblüten, Chirurgie, Psychologie (»alles psychosomatisch«), dieses neue Wundermittel, von dem jetzt alle reden, anderes Futter, Beifutter, Verhaltens- und andere Therapien, kurzum: Das ganze Lexikon der tiermedizischen Praxis plus sämtliche eher unwissenschaftlichen Behandlungsmethoden werden Ihnen in einem Blitzkurs vermittelt, den es so nur in tierärztlichen Wartezimmern gibt. Hin und wieder wird einer der vortragenden Hobby-Professoren mal jäh in seiner Vorlesung unterbrochen (»Der Nächste, bitte«), aber das ist für die verbleibenden Experten mehr eine angenehme Unterbrechung, weil sie jetzt nämlich endlich einmal selbst zu Wort kommen.

Wenn Sie dann dran sind, können Sie eigentlich ebenso gut wieder nach Hause gehen, und zwar bevor Sie das Sprechzimmer betreten, denn Sie wissen jetzt schon alles. Nichts geht über einen Tierarzt-Besuch! Und der Katze geht es hoffentlich bald wieder gut, angesichts dieser kostenfreien Therapie im Wartezimmer.

Wie viele nette Tierärzte es doch gibt

Tierärzte sind durchweg nette Menschen. Es gibt natürlich auch welche, die sind nicht so nett, sondern sie haben das Eurozeichen im Auge, aber die wollen wir hier schweigend übergehen. Zu denen geht man meistens nur zweimal: einmal und dann nie wieder.

Also, der durchschnittliche Tierarzt ist bemüht und fachkundig. Vor allem aber ist er einem gleich sympathisch. Er hat so eine Art, mit der Katze umzugehen, ohne dass sie Panik bekommt, dass man gleich neidisch wird und zu ihm aufschauen möchte. Wie er sie abtastet: absolut kompetent! Wie er ihr in den Rachen schaut und ins Ohr oder sonst wohin: perfekt! Er hat eine Diagnose, er hat die Lösung des Problems, er ist einfach gut. Viele Frauen, die Katzen haben, sind sogar irgendwann einmal in ihren Tierarzt verknallt. Irgendwie spielt dabei wohl eine Rolle, dass sie als kleines Mädchen selbst gern Tierärztin geworden wären, aber das hat sich nicht so ergeben. Da steht nun der fleischgewordene Kindheitstraum im weißen Kittel und nimmt ihr auch noch alle ihre Sorgen, sofern sie die Katze betreffen: Ist das nicht ein Grund, förmlich dahinzuschmelzen?

Ein guter Tierarzt nimmt sich dann auch noch etwas Zeit und fragt, wie es sonst so geht mit der Katze und einem selber. Aha, er ist ein »Ganzheitsmediziner«! Auch das noch! Es macht ihn noch sympathischer, als er ohnehin schon ist.

Männer, da wollen wir ehrlich sein, riskieren auch einen Blick auf die hübsche Tierärztin, oder zumindest auf die attraktive Tierarzthelferin. Männer sind aber in den Wartezimmern von

Tierärzten mit Katzenkörben nur selten anzutreffen. Es ist doch meistens die Frau, die zum Tierarzt geht. Der Mann kommt lieber mit, wenn der Hund was hat.

Die Freude, wenn sie aus der Narkose erwacht

Mühsam rappelt sie sich auf und fällt gleich wieder um. Die Tatze wischt über die kleine Schnauze: Wo bin ich? Wer bin ich? Und wer bist du? Die ersten zaghaft-wackeligen Schritte. Oh, schnell wieder hinlegen und weiterschlafen! Eine Katze, die soeben aus der Narkose erwacht, ist das rührendste Tier, das man sich vorstellen kann. Ganz sanft nehmen wir die Kleine hoch und befördern sie in den Korb, und sie hat gar nichts dagegen. Das kleine wilde Wesen, das so kratzbürstig sein kann, ist plötzlich so hilflos und mitleiderregend! Hinzu kommt unsere Freude, dass sie es nun überstanden hat und wieder ganz gesund wird. Schnell nach Hause und ihr erst mal was zu trinken geben, denn futtern darf sie noch nicht. Die Nacht schlafen wir schlecht. Beim geringsten Geräusch aus der Richtung des Katzenkorbs sind wir wach. Es ist so, als wenn ein Kind krank ist. Wir sorgen uns. Am nächsten Morgen – irgendwann sind wir doch in einen unruhigen Schlaf gefallen – weckt sie uns dann. Liebevoll leckt sie uns das Gesicht, schmiegt sich an und hat ganz eindeutig Hunger. Überstanden! Das ist ein richtiges Glücksgefühl. Dem lieben Gott und seinem Stellvertreter auf Erden, dem Tierarzt, sei Dank. Operation überstanden, Katze lebt.

Kranke Katze
macht Chefherzen weich

Seltsam ist es. Vielleicht ist es irgendwie zu verstehen. Aber es ist nicht rational: Wenn eine Frau zu ihrem Chef sagt: »Ich muss heute früher gehen, mein Kind ist krank« – dann hat sie oftmals das Gefühl, dass er sauer reagiert. Das muss man doch regeln können, heißt es. Auch wenn es so nicht gesagt wird. Wieso kann die nicht irgendjemanden organisieren, der sich um das kranke Kind kümmert? Wann kriegt die endlich ihre privaten Angelegenheiten in den Griff? Ständig hat sie irgendwas mit ihrem Kind! Na ja, ich habe es ja gleich gewusst: Es war keine gute Idee, eine junge Mutter einzustellen.

Aber wenn die Frau zu ihrem Chef geht und sagt: »Meine Katze ist krank, und ich muss mit ihr zum Tierarzt, darum gehe ich heute etwas früher« – da kriegt der Chef feuchte Augen und sagt: »Jaja, gehen Sie nur, natürlich, das Wohl der Katze geht vor!« Womöglich ruft er ihr auch noch hinterher: »Wenn Sie morgen später kommen, ist das auch kein Problem!« Was man natürlich niemals machen würde. Man will ja nur zum Tierarzt.

Es ist schon merkwürdig, dass eine kranke Katze bei vielen Vorgesetzten mehr positive Emotionen auslöst als ein krankes Kind. Auch hier haben wir es wieder mit »Schubladen« zu tun. Man spricht einen Menschen an und er denkt nicht nach, sondern in seinem Gehirn rastet irgendetwas ein. Wie vorgestanzt. Bei dem kranken Kind öffnet sich sofort die Schublade »Mutter mit Kind, schwierige Arbeitnehmerin, ständig ist irgendwas, man kann sich nicht drauf verlassen« (usw.). Bei der kranken Katze öffnet sich die Schublade »Och, wie süß, das arme Tier, ich bin doch ein guter Chef, ich habe ein Herz für Tiere, sonst wäre ich nämlich ein schlechter Chef« (usw.).

Manche Chefs werden sogar richtig euphorisch, wenn es um das Wohl der Katze eines Mitarbeiters geht. »Was hat sie denn?« »Haben Sie auch wirklich jemanden, der sich um die Katze kümmern kann?« »Wenn es nicht anders geht, bringen Sie die Katze einfach mit! Ein Plätzchen finden wir schon. Sie können den Katzenkorb auch gern bei mir ins Büro stellen, bis es ihr wieder besser geht ...« Na, sag mal! Da erkennt man den eigenen Chef gar nicht mehr wieder! Wieso hat der plötzlich seine soziale Ader entdeckt?

Nicht lange drüber grübeln, einfach so hinnehmen. Mit der kranken Katze kann man bisweilen mehr Punkte sammeln als mit dem kranken Kind. Ist so, und das machen wir uns doch gern zunutze! Oder?

Im Alter macht sie es sich bequem

Wenn eine Katze so ungefähr zehn oder zwölf Jahre alt ist, dann brennt ihre Lebenskerze so langsam herunter. Die Barthaare werden grau, die Augen sind nicht mehr so gut, die Bewegungen werden langsamer. Zwar fängt sie hin und wieder noch eine Maus, aber sie hat nicht mehr diesen ausgeprägten Jagdtrieb. Unsere Rumpel – wir wissen nicht genau, wie alt sie wirklich ist – saß im letzten Herbst erstmals auch bei schönem Wetter Tag und Nacht in »ihrer« Garage, bewegte sich nur langsam zum Fressnapf, hatte keine Lust mehr auf Frischluft und ließ es sogar geschehen, dass unmittelbar vor ihrer Katzenklappe ein kleiner Vogel herumpickte (früher schoss sie im Tiefflug durch die Klappe, und manch ein Vogel hatte das Nachsehen). Wir glauben, dass Rumpel sich langsam auf ihr Ende vorbereitet. Aber wenn es so ist, dann tut sie das mit Würde. Was könnte sie haben, außer Altersschwäche? Wir würden sie gern zum Tierarzt bringen und untersuchen lassen, aber sie ist ja eine »halbwilde« Katze: Die geht in keinen Korb, so gut funktionieren ihre Reflexe noch. Sie ist nicht einmal mit Tricks in einen Korb zu locken. Da sie aber weiter keine Anzeichen einer ernsthaften Krankheit hat, nicht einmal Schnupfen, lassen wir sie so, wie sie ist. Ja: Wir glauben, dass sie langsam keine Lust mehr hat. Von Woche zu Woche wird sie anhänglicher. Und je kälter es draußen wird, desto lieber kommt sie ins Haus. Früher war das doch undenkbar!

Katzen altern sanft. So bequem, wie sie es sich in den letzten Monaten machen, sollten wir Menschen auch dem nahenden Ende entgegensehen. Ganz entspannt liegt sie in ihrem Karton, der vielleicht ihr letztes Zuhause sein soll, duckt sich tief ins Heu, das wir ihr hineingelegt haben, und schützt sich dadurch vor der Zugluft, die durch die Ritzen der Garagentür und natürlich durch die Katzenklappe hineinkommt. Immer ist sie müde. Die Hunde interessieren sie auch nicht mehr so richtig. Ist die Garagentür offen, und die Hunde schnüffeln an dem hochgestellten Karton herum, blinzelt sie nur träge, anstatt so wie früher zu fauchen oder gleich mit den Tatzen kräftige Hiebe auszuteilen. Auch wenn ich (der Autor) als Mann in der Garage erscheine – Sie erinnern sich bestimmt daran, dass Rumpel wegen früherer schlechter Erfahrungen eine Aversion gegen Männer hat –, bleibt sie ruhig liegen, lässt sich anfassen und zeigt keinerlei Reaktion. Es ist ihr so langsam alles egal. So friedlich bereitete sich auch meine Mutter auf ihr Sterben vor. Es ist erstrebenswert.

Und eines Tages schläft sie (hoffentlich) ohne Schmerzen ein

Die Katze und der Tod: ein trauriges Thema. Aber jeder Freund verlässt einen irgendwann. Es sei denn, man selbst ist vorher dran. Darf man darüber reden? Ich denke: ja. Weil der Tod zum Leben gehört wie die Geburt, sollte man kein Tabu daraus machen und nicht die Augen davor verschließen. Vielleicht wird es, wenn es denn einmal so weit ist, auch leichter für uns – wenn wir uns frühzeitig damit befasst haben.

Katzen sterben gern allein. Es ist fast so, als wenn sie sich für ihren schlechten Gesundheitszustand schämen und ihn dem Menschen nicht mehr zumuten möchten. Deshalb sind viele Katzen einfach verschwunden, wenn das letzte Stündlein naht, und kein Mensch wird sie jemals wiederfinden. Sie verlassen ihr warmes Zuhause und ziehen sich irgendwohin zum Sterben zurück. Im Winter erfrieren sie vielleicht, aber das ist nicht mit Schmerzen verbunden. Sie schlafen einfach so ein und wachen nicht mehr auf. Dann hat man allerdings keinen Ruheplatz für sie, an dem man sich an sie erinnern kann. Dafür hat man aber auch nicht diese traurige Gewissheit, dass die Katze nun wirklich tot ist. Sie könnte ja auch … weggelaufen sein? Woanders ein schönes Zuhause gefunden haben? Irgendeine tröstliche Geschichte wird einem einfallen. Man wird den Gedanken weit wegschieben, dass sie vielleicht gar nicht mehr lebt, und dafür gibt es ja auch keinen Beweis! So verabschieden sich viele Katzen, die raus dürfen und bis zum Schluss selbst entscheiden können, wo sie sich aufhalten. Es sind oftmals Katzen, nach denen an Laternenpfählen gefahndet wird.

Katzen, die ausschließlich drinnen mit uns leben, haben diese Möglichkeit nicht. Aber auch ihnen wünscht man, dass sie schmerzfrei einschlafen. Da geht der Weg dann meistens über den Tierarzt. Eine ganz, ganz schwere Entscheidung, die tiefes Vertrauen in die Kompetenz des Arztes voraussetzt. Meistens sagt er: »Wir können operieren, aber es ist sinnlos. Der Kreislauf wird das nicht mehr durchstehen. Sie hat Schmerzen. Die Chance, dass sie die OP überlebt, ist gering. Sie würden ihr einen Gefallen tun, wenn …«

Es ist der Moment, in dem man klar entscheiden sollte: ja. Ihr erfülltes Leben nähert sich dem Ende. Jetzt ist es an der Zeit, Abschied zu nehmen. Tschüs, meine liebe Katze. Du gehst jetzt über den Regenbogen und lebst weiter in einer noch besseren Welt, als es sie hier auf Erden für dich gegeben hat. Und die Welt hier unten war schon ziemlich gut für eine Katze wie dich …

Ihr Körper stirbt, die Seele bleibt

Unsere verstorbenen Tiere kommen nie in die Tierverwertung und bekommen auch kein Grab im Garten, sondern sie werden seebestattet.* Das ist gute Tradition. Alle ruhen an derselben Stelle im Meer, und genau dort werden wir Menschen uns eines (hoffentlich noch fernen) Tages auch seebestatten lassen: So sind Mensch und Tier im Tode wieder vereint, auch wenn es nur die Asche ist.

So wird auch unsere Rumpel eines Tages »über den Regenbogen gehen«, wie wir Tierfreunde den Tod unserer vierbeinigen Freunde zu umschreiben pflegen. Vielleicht stirbt sie im Kampf für die gute (Katzen-)Sache. Vielleicht ist sie eines Tages zu schwach und erfriert im Schnee, wo wir sie viel zu spät finden. Vielleicht möchten (und müssen) wir ihr das letzte Leiden ersparen, wer weiß? Sicher ist: Auch wenn ihre Asche da unten auf dem Grund der Nordsee sich mit der Asche von unseren anderen Tieren vereint, bleibt ihre Seele doch bei uns. Ein Tier stirbt ja erst, wenn es vergessen wird. Aber niemand, der jemals eine Katze besaß, wird sie ganz vergessen können.

* www.seebestattung-fuer-tiere.de

Weil sie nicht bei Wind und Wetter Gassi gehen möchte

Der Mensch als solcher ist faul. Bevor er sich ein Haustier zulegt, sollte er sich eins überlegen: Passt das Haustier zur menschlichen Faulheit? Ein Hund wird vielleicht zwölf Jahre alt, und man sollte dreimal am Tag mit ihm Gassi gehen, also muss man 13 140 Mal mit ihm raus, und vermutlich regnet es davon 13 139 Mal. Einmal die große Runde von einer Stunde und zweimal die kleine Runde von einer halben Stunde macht pro Tag zwei Stunden, also verbringt man als Hundebesitzer 8760 Stunden seines Lebens nur mit Gassigehen. Das ist ein volles Lebensjahr. Pro Hund, wohlgemerkt. Wer aber einen Hund hat und ihn verliert, der will meistens den nächsten. Zwei Hunde nacheinander kosten einen also schon zwei Lebensjahre, die man gemäß Murphy's Law fast ausschließlich bei Regen auf der Straße verbringt. Hat ein Mensch zum Beispiel nacheinander zehn Hunde, wartet er geschlagene zehn Lebensjahre nur darauf, dass der Hund endlich sein Geschäft macht. 99 Prozent dieser Zeit rinnt ihm der Regen in den Kragen. Das macht sich nur keiner klar! Das nehmen die Menschen einfach so hin! Da sind Katzen wirklich die angenehmeren Lebenspartner, denn sie haben nun mal die Angewohnheit, ihr Geschäft ins Katzenklo zu verrichten. Ein Lob auf dich, du liebe Katze.

Nachwort

Unsere Rumpel begleitete dieses Buch mit großer Freude (siehe Vorwort), aber jetzt bereitet sie sich langsam auf ihr nahes Ende vor. Sie ist vermutlich schon sehr alt. Ihre Haare sind grau, sie mag sich nicht mehr viel bewegen, und insgesamt ähnelt sie einer Seniorin im Altenheim, die kaum noch das Bett verlässt. Ihre Lebenskerze flackert noch. Aber schon bei der nächsten Auflage dieses Buches wird sie vielleicht schon im Katzenhimmel sein. Das ist jedenfalls mein Gefühl, wenn ich sie streichele und ihr vorm Schlafengehen, wenn ich die Lichter im Haus und auf dem Hof lösche, noch eine gute Nacht wünsche. Bald ist es Zeit, Abschied von dieser liebenswerten Katze zu nehmen. Das spüre ich. Eine Menge Mäuse hat sie uns vor die Tür gelegt. Sie war total ausgewildert und extrem misstrauisch, als wir sie mit unserem Resthof an der Nordsee übernahmen. Es dauerte Jahre, bis sie uns zu vertrauen begann. Und bis heute ist sie stets auf dem Sprung. Wir hatten viele Katzen. Aber noch nie eine, die derart skeptisch dem Menschen als solchem gegenüber war.

Es kann auch sein, dass wir uns täuschen. Vielleicht ist es nur Faulheit und keine altersbedingte langsame Vorbereitung aufs nahende Ende. Wir haben ja das Problem, dass wir nicht wissen, wie alt sie eigentlich wirklich ist. Weil wir eben eine »Wildkatze« mitgekauft haben, als wir uns in das Haus und alles, was dazu gehörte, verliebten. Klar: Wir kennen die Argumente der Katzen-Experten: »Bringt sie doch einfach zum Tierarzt und lasst dort feststellen, wie alt sie ist!« Nee. Diese Katze kriegt man nur mit Gewalt oder mit einem fiesen Trick in einen Korb. Sie hat in ihrem langen Leben nur wenige Tierarztpraxen von innen gesehen. Sie will das auch nicht. Sie ist »born to be wild«, und sie möchte, wenn ich sie richtig verstehe, auch so sterben wie eine »Wild Cat«. Soll ich sie ängstigen, nur weil ich ihr ungefähres Alter wissen möchte?

Vielleicht erlebt sie ja auch noch die übernächste Auflage! Ich würde es ihr wünschen, und uns natürlich auch. Aber was kommt nach dieser Katze? Natürlich die nächste. Ein Leben ohne Hund ist für mich denkbar (so langsam möchte man auch mal wieder über die eigene Freizeit verfügen können). Ein Leben ohne Katze würde ich für unvollkommen halten. Aber es muss wieder so eine halbwilde sein, so ein Rocker, dem man kein Futter hinstellen muss. Geh raus ins Gefecht und fang die Beute! Und dann komm rein und kuschel dich an den Kamin. Schönes Leben … Ein Katzenleben …

Danksagung

Rumpel, Max, Minka, Aida, Maunzi, Mausi, Frida, Tante Friede, Astor, Minzi-Mausi, Billy, Serafine, Knochi, Bibi, Ayshe, »Kai der Kater« und Siggi sind die Hauptfiguren in diesem Buch. Viele weitere ungenannt bleiben wollende Katzen bzw. ihre Menschen haben ihre eigenen Geschichten beigetragen. Fachliche Beratung kam von mehreren Tierärzten, Tierpsychologen und ehrenamtlichen Katzenbetreuern. Sönke und Birgit mit Jette (ging über den Regenbogen) und dem schneeweißen Kater Max waren wichtig, ohne dass sie von diesem Buch wussten. Moni »die Katzenflüsterin« soll nicht unerwähnt bleiben. Sie ist meine Frau und war als solche zur Mitarbeit zwangsverpflichtet. Trotzdem: danke.

Vom Dosenöffner zum Katzenversteher

350 Seiten
ISBN 978-3-442-15600-9

Egal, was du als Katze auch anstellst, lass es
immer so aussehen, als sei es der Hund gewesen

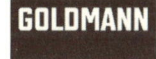

Überall, wo es Bücher gibt und   unter www.goldmann-verlag.de

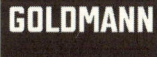